矮化苹果苗木繁育技术

繁育技术

杜学梅 主编

Apple

中国农业出版社
北 京

编　委　会

前　言

我国是世界最大的苹果生产国。据统计，2021年全国苹果种植面积为3 132.12万亩，山东、陕西、山西、甘肃、河南、河北等地是我国苹果的优势产区，苹果产业已成为当地经济发展的支柱产业，为当地农业增效、农民增收做出了巨大贡献。

随着我国乡村振兴战略实施的不断深入，我国苹果产业面临着空前的发展机遇与挑战。一方面，苹果产业对我国农业结构调整、增加农民收入等方面具有重要作用；另一方面，绿色发展、提质增效、融合发展等新业态也对苹果产业提出了更高的要求。

近年来，世界苹果栽培制度发生了深刻变化，经历了从乔化稀植到乔化密植再到矮化密植集约模式的变迁过程。欧洲、美国、日本等世界苹果产业发达国家和地区已基本完成矮化密植集约栽培方式的转变，苹果矮化密植集约栽培模式已成为世界主要苹果种植国普遍采用的栽培技术。而我国目前苹果栽培的主要形式仍然是乔砧密植，存在着成花坐果难、单产低、果实品质差、费工、技术复杂推广难度大、树冠大、管理成本高、人工投入多等诸多问题，已不适应现代农业产业的发展。苹果矮化密植集约栽培模式具有管理方便、结果早、产量高、苹果质量好、管理技术简单易推广、便于机械化作业、易于标准化生产等优点，已成为苹果栽培制度变革的发展趋势，尤其在我国土地资源匮乏、农村剩余劳动力不足的情况下，发展苹果矮砧栽培具有更重要的现实意义。

苹果苗木是苹果产业健康、稳定和可持续发展的基础，对苹果栽培模式的转变和产业发展方向的调整具有重要影响。苹果苗木的质量对建园栽植成活率、园貌整齐度、树体抗逆性、采后商品果率等都有重要影响，培育适应当地生态条件和品种纯正、砧木适宜的优质苗木，直接关系到果园的经济寿命和生产效益，是果树早果丰产、栽培优质高效和产业健康发展的先决条件。培育优质的苹果矮化苗木是苹果矮化密植集约栽培模式在我国广泛推广的关键。

近年来随着科学技术的不断进步，与苹果苗木繁育相关的研究取得了显著成果，一些新技术、新方法、新设备等在生产上得到了应用。为了更好地服务于果树科研与生产，我们归纳总结了近年公开发表的有关苹果矮砧苗木繁育方面的科研成果，并结合研究团队多年的科研实践，编写了本书。本书分为五章，第一章为苹果苗木生产概况，第二章为专业化苗圃繁育基地的建设，第三章为基砧苗的培育，第四章为矮化苹果苗木的繁育，第五章为苗木出圃。本书具有以下特点，一是系统性强，从专业化苗圃基地建设，到基砧苗、嫁接苗繁育以及苗木出圃各个环节的基本知识和技术都做了系统介绍；二是内容新，重点介绍了苗木繁育、砧穗组合、品种区划等方面的最新科研成果；三是理论与实践相结合，对苗木繁育的每一个环节，力求做到交代清楚技术、分析明白原因、理论实践相结合。希望能为推动矮化栽培模式在我国的发展做出点滴贡献。

本书的编写参考了公开出版文献及科研成果等参考资料，在此向所有作者表示感谢。

本书系统介绍了矮化砧苹果苗木繁育的技术和方法，力求精益求精，但由于水平所限，不足之处在所难免，恳请广大读者批评指正。

编　者

2024 年 5 月

目　录

第五章　苗木出圃

第一章
苹果苗木生产概况

第一节　苹果苗木生产的目的意义

苹果生产作为农业生产的重要组成部分，已成为许多地区的支柱产业。苹果树为多年生植物，一旦栽植就要在同一地方生长若干年。因此，树苗的繁育就显得更为重要。人们常说"发展果树，种苗先行"，苹果苗木是发展苹果生产的基本材料和实施苹果生产的物质基础，没有苗木，苹果生产就无从谈起。苗木质量对栽植成活率、果园整齐度、树体的经济寿命及挂果早晚、果实品质和树体抗逆性等都有重要影响。所以苹果苗木的品种、数量与质量，不仅直接影响果园建立的速度和质量，还关系到果园的丰产性、稳定性及经济效益、社会效益和生态效益的发挥。只有苗木品种优良、生长健壮、规格一致、数量充足，且苹果良种与良法相配套，才能保证苹果生产达到预期目的。因此，繁育苹果树苗是发展苹果生产最首要也是最基本的任务，培育和生产品种纯正、砧木适宜、砧穗组合适当、生长健壮、根系发达、无检疫对象或病毒的优质苗木是苹果树育苗的中心目的，也是建立早果、丰产、优质果园的先决条件。苹果树苗的繁育在苹果生产中具有举足轻重的地位。

我国虽然为世界上最大的苹果生产和消费国，而且近50年苹果产业取得了长足的进步，但在苹果生产中还存在着诸多问题，比如品种结构不合理、果园管理技术落后、整体果品质量差、单产水平较低等。另外，我国苹果苗木质量普遍偏低也是苹果生产中存在的重要问题之一，这在很大程度上影响着我国苹果产业的发展。随着我国苹果产业的发展和栽培模式的变革，我国苹果大规模更新换代进入了关键时期，如何从苗木方面提供支持和保障成为了一个值得高度重视的问题。因此生产高质量的苹果苗木就成为一项具有重要意义的工作。

现如今，国家再次强调"果树上山下滩，不与粮棉油争地"，新果园大多建在山坡、丘陵、沙荒、河滩之上，贫瘠的土壤条件更需要优质壮苗才能确保建园成功。繁育苹果苗木还可以促进生态建设、绿化荒山、固土蓄水、改善环境，同时可以为农民提供就业机会，促进偏远山区经济发展。

种子工程是世界各国农业的基础工程，苹果苗木是农业种子工程的内容之一。无论从产业发展还是产业需求以及国家种质安全及生态建设等方面考虑，苹果苗木繁育都具有十分重要的意义。

第二节　苹果苗木生产现状

一、苗木种类

苹果树为异花授粉植物，其种子为自然杂交种，后代性状分离严重，实生播种难以保持品种固有的优良性状，为此苹果苗木采用嫁接的繁殖方法，由砧木和接穗组成。所以要弄清苹果树苗的种类首先要明白几个概念，即砧木、基砧、中间砧。砧木是嫁接果树的基础，对接穗有重要影响。具体指嫁接时承受接穗的植株，即嫁接植物时把接穗接到另一个植物体上，这个植物体就叫砧木。基砧为直接嫁接品种或中间砧的带有根系的砧木（也叫根砧），包括实生砧木和无性系砧木（也叫营养系砧木）。中间砧指位于基砧和接穗之间的一段砧木。自根砧指采用砧木上某一器官或自身体细胞，经过人工培养生根并能繁殖和具有自身根系的砧木。

依据不同的分类原则，苹果苗木可分为以下几类。

按砧木的繁育方法，可分为实生砧木苹果苗和无性系砧木苹果苗。实生砧木指利用种子播种繁殖的砧木，在其上嫁接苹果品种繁育的苹果苗即为实生砧木苹果苗。无性系砧木指利用植物的营养器官，如枝、根、茎等通过压条、扦插、组织培养等方法诱导生根培养成的砧木苗，又称营养系砧木，在其上嫁接苹果品种繁育的苹果苗即为无性系砧木苹果苗。

按砧苗嫁接品种生长年限，可分为 1 年生苹果苗和多年生苹果苗。1 年生苹果苗指砧木苗嫁接品种后经过 1 个生长季发育出圃的苹果苗；多年生苹果苗指砧木苗嫁接品种后经过 2 个以上生长季发育出圃的苹果苗。

按砧木对树体生长的影响，可分为乔化砧木苹果苗和矮化砧木苹果苗，矮化砧木苹果苗又可分为矮化中间砧苹果苗和矮化自根砧苹果苗两类。乔化砧木指嫁接后树体生长较快而高大的砧木，目前广泛采用的传统繁育乔化砧木的方法是用种子播种繁殖，在其上嫁接品种后培育出的苹果苗即为乔化砧苹果苗。矮化砧木指嫁接后树体生长缓慢而矮小，具有控制树体生长，能够促进早花早果的砧木，即能使嫁接品种树体矮化的砧木。矮化中间砧指嫁接在基砧上，承受品种接穗的矮化砧段，矮化中间砧苹果苗指矮化中间砧苗嫁接品种后培育出的苹果苗；矮化自根砧苹果苗指矮化自根砧苗嫁接品种后培育出的苹果苗。

按成龄树树冠大小，可分为乔化苗木和矮化苗木；矮化苗木又有矮化自根砧苗木、矮化中间砧苗木、乔砧短枝型苗木和矮砧短枝型苗木。短枝型苗木利用了苹果品种本身的短枝特性使树冠变小。生产中有些苹果品种本身具有矮化特性，呈半矮化状态，如短枝富士系列（惠民短、礼泉短、福岛短、宫崎短等）和短枝元帅系列（新红星、首红、天汪1号、瓦里短枝等）品种，嫁接在乔砧上长势中庸、健壮、产量高，修剪省工，管理方便；嫁接在矮化中间砧上（俗称双矮）树体矮小，树型紧凑。用这些短枝型品种繁育的苗木也具有矮化性能，在肥水条件好的情况下，可进行密植栽培，管理省工，经济效益好，具有广阔的发展前景。

二、苗木生产的基本情况

我国苹果苗木生产以人工作业为主，机械化程度偏低，只有部分苗圃采用简易的改装犁或自制铲起苗。所生产苗木以乔化实生砧苗和矮化中间砧苗为主，自根砧苗很少。主要由几家龙头企业从国外引进自根砧苗繁育技术，在山东、陕西等地开展本地化繁育。无病毒自根砧分枝大苗生产技术、脱毒及检测技术、砧木压条繁育技术、离体嫁接技术、可尼圃（knip）苗木繁育技术、苗木冷藏技术等先进技术也开始应用，这标志着我国苹果苗木繁育正在向种苗产业现代化迈进。这也是未来苗木培育的发展趋势。

我国繁育苹果苗木的单位既有具备较高科研能力、生产能力和管理水平的科研院所、育苗公司，也有水平稍低的各级果农合作社或村股份经济合作社及个人小苗圃等，水平参差不齐。多数个体育苗户苗圃重茬繁育，育苗密度大，苗木不充实，基本上是单干苗木无分枝，根部病虫害多，质量较差，定植后成活率低，结果晚。科研院所和专业育苗公司所育苗木品种纯正，生长健壮，建园成活率高，管理适当可很快投产，尤其是专业育苗公司生产的带分枝大苗，在栽植后的第2～3年便获得可观的产量和较高的经济效益。目前，大多数农户已经不再生产苹果苗木，苗木生产主要集中在一些专业的大型育苗企业，如陕西省千阳县就聚集了陕西海升、陕西华圣、天地公司、大地公司、木美土里、陕西青美育苗企业等，各公司建有无病毒采穗圃、砧木繁育圃、大苗培育圃及苗木检疫检验室等配套设施。

我国苹果苗木繁育基地主要集中在渤海湾和黄土高原两大优势产区。其中山东、陕西、山西、辽宁等省是苹果苗木生产大省，年产量超过1亿株，满足本地需求的同时可向外地输出苗木；河北、河南、甘肃等省生产规模相对较小，可基本满足本省需求。我国苹果苗木发展主要集聚在少数几个地区，具有规模集中的特点，如陕西杨凌、山东栖霞、临沂、泰安，山西运城和河北秦皇岛等都是主要苗木生产地。

我国苹果苗木的接穗品种同生产中的主栽品种基本一致。目前苹果重点发展的优良品种有优系嘎啦、华硕、华红、短枝华冠、维纳斯黄金、红露、红将军、秦脆、秦阳、瑞雪及寒富、烟富3、烟富6、烟富8、烟富10等。烟富系列、红将军、嘎啦的品种接穗生产地主要集中在山东，秦脆、秦阳、瑞雪、蜜脆等主要集中在陕西，华冠、华硕、华红等主要是河南生产，辽宁主要有寒富，山西、河北、甘肃主要有富士、红星、丹霞、元帅系等。近年来，一些新品种如维纳斯黄金、瑞雪、爱妃、瑞香红、秦脆、福九红、福丽、红斯尼克的果实价格比普通品种高出1倍多，这些品种的苗木价格高，销路快。

苹果苗木的基砧品种主要有山定子、八棱海棠、新疆野苹果和平邑甜茶等，山定子主要应用于东北、河北北部地区和甘肃少部分寒冷地区，八棱海棠主要应用于陕西、河南、河北、山西、甘肃等地区，新疆地区以新疆野苹果为主，平邑甜茶主要应用于山东、河北南部地区。

我国苹果生产中常用的矮化砧品种主要有从国外引入的 M 系、MAC 系、MM 系等和自主选育的 SH 系、GM256、Y 系等。目前应用最多的是 M26，主要分布在陕西、山东和河南部分地区，约占矮化砧总面积的 70％。其次是自主选育的 SH 系，占矮化砧总面积的 15％～20％，主要分布在山西、北京、河北、新疆、山东、陕西等地。另外还有 M9、M9 优系（T337）、CL426 及其他国外少量引种类型（如 B9、B118 及 G935 等）和国内新近选育品种，应用面积占 5％～10％。国外引进矮化砧木繁育的苗木有自根砧苹果苗和中间砧苹果苗，国内自主选育的矮化砧主要以中间砧形式利用。

三、苗木繁育中存在的问题

近年来，尽管我国苹果种苗生产取得了长足的发展，但同发达国家相比仍存在诸多不足，如苗木质量不高、缺乏优质良种苗、繁育体系不完善、育苗技术落后等，主要表现在以下几个方面。

1. 苗木质量参差不齐

导致我国苗木质量参差不齐的原因主要有以下几方面。

一是我国苹果苗木繁育多采用种子繁殖基砧，而部分育苗单位选种随意，种子不是来自实生种子采种基地，砧木种子来源和类型复杂，致使播种繁育的实生苗性状分离严重，整齐度差，甚至有的种子还携带病毒病，严重影响了苗木质量。

二是育苗密度过大，管理不规范。我国苹果苗木通常单亩①繁育株数达 1 万株以上，培育密度过大，幼苗得不到充足光照，而且生产管理不规范，肥水供给不科学，有些苗木生长过旺或过弱，枝条不充实，根系发育不良，有些苗木病虫害严重，造成了成品苗的质量相对较差。另外，育苗地块不轮换，重茬现象严重，也严重影响了苗木质量。

三是繁育苗木所需优良品种和砧木穗条不都是采自母本园，尤其是一些家庭式苗木生产单位，随意采集穗条，育苗接穗来源于成龄果树或者未销售的苗木，繁育出来的品种很难保证纯度。

四是一些小农户由于必要的配套设施不足，专业化程度低，做不到规范生产，所出圃苗木质量参差不齐。

2. 标准化繁育生产技术落后

我国苹果苗木繁育生产仍以种子播种培育实生砧木苗嫁接品种的传统育苗方式为主，一些新技术诸如砧木压条繁育技术、组织培养技术、

---

① 亩为非法定计量单位，1 亩≈667m²。

离体嫁接技术、脱毒及检测技术、可尼圃（knip）苗木繁育技术、苗木冷藏技术等，仅少数苗木企业在应用。仅有少部分苗木采用冷库贮藏，绝大部分苗木采用传统假植法贮藏，贮藏环境条件难控制，常有枝条失水或冻害、根系沤烂或失水现象发生，使苗木损伤严重。苗木生产为技术密集型产业，生产关键技术的研发与集成缺乏创新，落后的技术阻碍了种苗产业化进程，也影响了苹果产业发展。

3. 育苗机械化程度不高

目前，我国繁育苹果苗木的各个生产环节，如整地、播种、追肥、除草、病虫害防治、灌溉、嫁接、平茬、起苗、分拣、贮藏运输等各项工作绝大多数环节还采用人工作业，仅有个别环节实现了半机械化生产，且只有少数规模较大的企业使用机械起苗等简单的机械操作。机械化程度低、用工成本居高不下，造成育苗成本高、效率低。另外，以体力劳动为主的生产方式还导致了年轻人的流失，年龄高的雇员只能从事简单体力劳动，对一些技术含量高的工作难以胜任，一定程度上影响了苗木繁育机械化的进程。

4. 对新品种的保护意识不强

近年来，随着苹果市场价格波动加大和产业竞争加剧，种植户对新优砧木和栽培品种的需求也更加迫切，促使育苗单位开始加快新品种、新砧木的繁育速度。但随之而来的问题是，除少数大型专业化育苗企业和科研院所的育苗单位按照国家政策，对生产的新品种苗木与新品种育种单位或个人签订协议外，其他育苗单位在新品种苗木繁育上普遍存在未经授权私自繁育的现象，品种侵权现象普遍，甚至有的育苗者随意更改品种或品系名称重新命名，导致一物多名或多物一名。更有甚者，什么品种热、什么品种新就把苗木命名为什么品种，假冒品种层出不穷。苗木品种混乱，真假难辨，不利于新品种的推广和应用。

5. 苗木繁育体系不够完善

良种资源库、种苗繁育中心、种苗生产基地，三级配套的种苗繁育体系是生产优质种苗的基础与保障。我国苹果苗木生产经过多年发展，苗木繁育体系已初步形成，如建有国家级的良种资源库和种苗繁育中心，在一些育苗大省也建有省级良种资源库、种苗繁育中心和种苗生产基地。但苗木繁育体系仍不够完善。以育苗大省陕西为例，陕西省果树良种苗木繁育体系已建设多年，但至今仍仅有省级框架，市、县几乎处于瘫痪状态。省苗木中心作为省级苗木繁育体系建设机构，一直未正式纳入财政预算，每年仅能提供有限的原种。西安市等各地市种苗繁育体系建设大多依靠项目带动，仅以生产苗木为主，属短期行为，既没有专设机构，也没有果业技术推广职能，未发挥"二级扩繁"功能，导致优良种苗数量供应不足，基层苗木繁育者乱采乱用。种苗的纯度难以保证。

第三节　苗木市场前景及发展建议

一、市场前景

自新中国成立以来，我国苹果生产快速恢复，迅速发展，特别是 20 世纪 80 年代初期和 90 年代中期的两次建园高峰，使苹果栽培面积猛增到 290 余万 hm²，然而产量过快上升导致市场供过于求，苹果价格下跌，出现了果农刨树现象。经过多年的调整，现阶段苹果栽培面积稳定在 200 多万 hm²，而区域布局向着渤海湾优势区、黄土高原优势区、西南冷凉高地产区和新疆特色产区集中，生产布局呈现西移北扩、南下爬高趋势，生产格局向优势区集聚。面积稳定，苹果价格回升，让果农重拾信心。近几年维纳斯黄金、瑞雪、瑞香红、秦脆等一些苹果新品种的果实售价比普通品种高出一倍多，更是让果农信心大增。果农建园首选新品种，也使这些新品种的苗木价格高，销路快，苗木供应紧俏。

近 30 年来，我国先后建立了乔砧稀植栽培技术体系、乔砧密植栽培技术体系和省力高效的矮砧集约栽培技术体系，我国苹果栽培正处于从树体高大的传统乔化栽培模式向集约高效的矮砧密植栽培模式过渡的时期。随着我国保护性耕地禁止非粮化政策的实施及农村老龄化的到来，管理费工、结果晚、产量低的乔砧密植已经不能适应苹果产业的发展，节约土地、节省劳动力、便于机械化的矮化密植栽培已成为当前我国苹果发展的重要趋势。因此，矮化苹果苗木将越来越受到重视而成为发展的方向，矮化砧新品种苗木将会更受市场欢迎。

目前我国苹果面积基本稳定，但品种结构不甚合理。苹果主栽品种仍是富士独大，占全国总产量的 70% 以上。单一品种过分集中，造成了生产管理上的劳动力紧张，管理困难，同时也影响了销售价格。随着产区布局结构调整，按适地适栽、多样化、差异化、优质化发展原则，进行品种结构调整势在必行。建议黄土高原优势区，推广晚花品种及抗旱矮化砧木品种；渤海湾优势区，推广优质抗逆新品种及砧穗组合；黄河故道和秦岭北麓传统产区，以早中熟新品种和多元化加工品种为主，优化品种结构；西南冷凉高地产区，发展早中熟品种，推广多抗砧木品种；新疆特色产区，发展多抗、耐盐碱砧木品种，优化早、中、晚熟品种搭配。更新或刨除不受市场欢迎、品质差、产量低、丧失经营价值的品种势在必行。生产格局的调整、栽培制度的变革、品种结构的优化，以及 30 多年前建的果园目前陆续进入衰老挖除阶段，这一切都预示着我国苹果大规模更新换代时期的到来。产业健康发展给苗木市场带来了繁荣，也对苗木市场提出了新的要求，多样化、高质量的苗木才能满足市场强大的需求，苗木生产繁育已成为苹果产业的重要组成部分，苗木市场前景广阔。

二、 发展建议

1. 建立良种苗木认证繁育体系

建立优系资源圃，对优良砧木和栽培品种进行脱毒和检疫性病虫害鉴定处理，确保其安全后保存于优系资源圃（建于防虫网室），并每年对所有保存植株进行病毒检测。根据生产需求，从优系资源选择栽培和砧木品种（品系）的种条进行繁育，建立原原种资源圃（建于防虫网室），每年抽取 20％的植株进行全部已知病毒检测，对所有植株进行重要检疫性病毒检测。从原原种资源圃获得种条繁育后建立原种资源圃，从原种资源圃保存植株上采集种条和芽进行母本树繁育，建立无病毒母本园。优系资源圃、原原种资源圃、原种资源圃、无病毒母本园均需要农业农村部认证，苗木繁育基地由农业农村部或各省市农业主管部门认定的具有资质的苗木繁育企业（户）建设并运营。通过这种逐级扩繁的方法生产苗木，可以有效控制各级资源的安全性（不被再侵染）、保障苗木繁育的经济性和规范性，同时实现苗木繁育的有效溯源。

2. 加强苗木生产和销售市场监管，提升售后服务水平

加强果树苗木管理，制定苗木生产和经营法规，严格执行准入制度，加强市场监管。建议管理部门依照有关法规对现有种苗生产和经营单位进行清查整顿，取缔不符合育苗或经营条件的单位和个人。按标准确立一批规模大、技术力量强、设施设备完善的苗木生产企业生产经营

苗木。把苗木质量作为企业的生命线，严格执行种苗检验、检疫制度，种苗必须具有真实的身份证信息，包括品种名称、产地、质量指标、植物检疫证书编号、生产许可证或经营许可证编号、生产日期、生产者或经营者名称、地址等，以备精准溯源查询。加强售后服务意识，提升服务水平，将售后技术跟踪服务作为苗木销售不可分割的一部分，建立技术服务平台，解答果农在生产管理中的疑难问题，根据关键农时季节性深入田间指导，为客户提供技术支持，以此来拓展市场，创诚信、树品牌。

3. 加强品种产权的保护与管理

认真执行《中华人民共和国种子法》和农业农村部《农作物种子生产经营许可管理办法》，加强新品种的知识产权保护。规范果树新品种审认定（登记）制度，保护育种者的权益，任何个人和单位不得私自更改经审定认可的品种名称，以确保种苗品种的准确、规范，保证果树苗木质量、纯度，适应现代果树产业对优质苗木的需求。

4. 加强种苗生产新技术的研发与应用，增强企业创新主体地位

世界苹果先进生产国家都很重视苹果苗木生产，有十分完善的苗木生产技术体系和质量管理体系，苹果苗圃很大一部分是拥有产品研发和授权专利的企业，有自己的拳头产品，市场竞争力强，售后服务好，经济回报率高，可反哺新技术研发，从而壮大企业，促进发展。我国苹果种苗生产现代化水平还比较落后，研发主要参与者是科研院所，跟苗木生产企业结合不紧密，研发应用脱节。各级政府应积极推动科研单位与种苗生产经营主体紧密合作，为苹果种苗产业共建及基础研究提供技术支撑，提高种苗生产经营主体的科技创新能力。按照产学研推用一体化思路，出台政策，加大对生产经营主体的支撑力度，尤其是对繁育能力较强、市场占有率高、经营规模较大的"育繁推一体化"苗木企业予以重点支持，增强其自主创新能力和引领带动能力。培育和壮大一批品种培育和种苗繁育与推广一体化、产学研深度融合的龙头企业或合作社等新型果树种苗生产经营主体，加强相关技术的集成熟化、试验示范和推广应用，比如研究并集成苹果良种、抗性砧木脱毒、组培、扦插等高效无性快繁技术及脱毒苗、容器苗产业化生产关键技术，以及构建现代苹果苗木评价体系等，增强我国苹果优质种苗的供应能力，推进我国苹果种苗产业的规模化、专业化和标准化发展。

第四节　苹果苗木繁育相关研究进展

苹果苗木是苹果产业健康、稳定和可持续发展的基础，关系到苹果栽培模式的转变和产业发展方向的调整。归纳分析新近苹果苗木繁育与利用研究取得的成果，可以为我国苹果苗木产业发展提供参考。

一、苹果苗木繁育方法

世界主要苹果生产国都提倡用无病毒优质苹果苗建园，以达到早产、丰产和优质的目标。优质苹果苗木的培育工作成为苹果产业关注的焦点。我国作为苹果生产大国，对苗木繁育的相关研究虽然落后于世界苹果生产强国，但随着产业的发展，苹果苗繁育技术也取得了长足的进步，苗木繁育正在向现代化繁育迈进。对苹果苗木繁育技术的研究主要集中在自根苗木繁育方面。

1. 压条繁殖

学者们对压条繁殖更深入的研究主要集中在压条繁殖中对新梢实施机械创伤，如绞缢、环割等对压条新梢生根和生根过程中内源激素含量及生根相关基因表达，以及压条生根生理指标的变化等方面。通常认为，绞缢处理可提早新梢生根时间和提高新梢生根率。杨利粉和高美娜等的研究证明了上述观点，如杨利粉等（2017）研究表明绞缢处理可使苹果矮化砧木 9-3 压条生根的时间提早 10 d 左右。高美娜等（2023）认为绞缢和环割处理均显著提高了冀砧 2 号压条的生根率，绞缢处理的压条生根率达 78.92%，显著高于环割的 24.85%，而且绞缢处理的平均根长和最长根长、平均根数和根粗均显著大于环割和对照，根系更为发达。在愈伤组织形成期，绞缢处理的新梢内 IAA、ABA、ZR 含量和 IAA/ABA、IAA/GA$_3$、IAA/ZR 值均显著提高；在不定根发生盛期，绞缢处理的新梢内 IAA 含量和 IAA/ABA、IAA/GA$_3$、IAA/ZR 值均显著低于对照组，而 ZR 含量均显著高于对照组；不定根诱导期和形成期，绞缢可显著提高压条新梢中的 POD、PPO 活性，降低 IAAO 活性，提高可溶性糖和淀粉含量；不定根诱导期，绞缢处理 MdPAT1、MdPIN1、MdYUCCA4 和 ARRO-1 基因表达量逐渐上升，MdARF17 的相对表达量则明显降低。

2. 组培繁育

苹果砧木的组织培养工厂化育苗主要包括四个流程：初代建立、继代增殖、生根培养和炼苗移栽，针对这 4 个流程有如下研究。

对初代培养而言，最常见的问题是褐化和污染影响外植体的成活，以及外植体萌芽率低、成活率低等问题。叶片、茎尖、茎段、芽都可作为初代培养的外植体，外植体的种类和部位、培养基的成分、植物生长调节剂，以及温度、光照等都可能对褐变产生影响。宋春晖等（2020）的研究表明，对外植体嫩梢采用自然光和套袋遮光处理后，遮光可以降低外植体的污染率，7 d 效果稍好，但遮光后外植体生长势有所减弱；消毒时间延长，外植体污染率降低，褐化率增加，综合考虑得出消毒 8 min 最好；不同腋芽个数对褐化率的影响差异不显著，但外植体茎段过长会降低萌芽率并增大污染率，2 个腋芽茎段长度的外植体生长效果最好；培养基中加入防褐化剂有一定效果，以加入 100 mg/L Cef 褐化率最低。黄文静等（2017）研究表明，初代培养时，LED 光源比荧光灯光源有利于苹果砧木 JM7 的发芽，LED 红光/蓝光＝5∶5 时效果较好。赵亮明等（2011）研究表明，同种砧木、不同消毒时间、不同初代培养基的污染率、褐化率、成活率均不同，认为对不同砧木的消毒时间与初代培养基筛选十分重要。M26、M9、平邑甜茶、八棱海棠、Mark 的初代培养中，MS＋6 - BA 1.0 mg/L＋NAA 0.1 mg/L 的成活率高于 MS＋6 - BA 1.5 mg/L＋NAA 0.1 mg/L 和 MS＋6 - BA 0.5 mg/L＋NAA 0.1 mg/L。

继代培养的关键是试管苗增殖率要高且茎叶生长要正常，玻璃化苗是快速增殖时出现的主要问题。基因型、植物生长调节剂、糖类的种类和浓度以及培养基中大量矿质元素、光照等是影响试管苗增殖的主要因素。杨雨璋等（2011）研究表明，MS 培养基的大量元素会影响苹果矮化砧木 SH6 的继代系数和幼苗高度，KNO_3 与 NH_4NO_3 是主要影响因素。大量元素优化配方为：KNO_3 1 535 mg/L、NH_4NO_3 1 430 mg/L、$MgSO_4 \cdot 7H_2O$ 310 mg/L、KH_2PO_4 172 mg/L 与 $CaCl_2 \cdot 2H_2O$ 445 mg/L，培养 35 d 继代系数 4.2，幼苗高度 2.6 cm。黄文静等（2017）认为 LED 红光和蓝光配比为 6∶4 时更有利于苹果砧木 JM7 的增殖分化。培养基中植物生长调节剂的类型、浓度和组合决定了组织、器官的发育和分化方向。苹果砧木继代扩繁时多采用 6 - BA 0.5～6.0 mg/L＋NAA 0.01～0.1 mg/L 或 IBA 0.1～0.5 mg/L，高浓度的组合可提高组培苗的增殖倍数，但同时也增加了玻璃化苗和畸形苗出现的概率。因为培养基中高浓度的 6 - BA 会导致继代培养过程中叶片 GA_3、IAA、ABA 含量的显著下降和 CTK 含量显著上升，引起内源激素含量及其平衡的变化，从而导致玻璃化苗的发生。另外，外植体的类型、较高的培养基水势及环境湿度也直接导致玻璃化苗的发生；同时，培养基中不适量碳源、无机盐或离子也在一定程度上导致了玻璃化苗的发生。对玻璃化苗可针对性采取一些措施降低玻璃化率，如选择合适外植体，减少或降低 MS培养基中 NH_4NO_3 或调节一些 K^+ 或 Ca^{2+} 浓度，适当降低细胞分裂素或在培养基中添加水分胁迫剂 PVA 等均可有效防止玻璃化。控制培养室温度在 25 ℃左右，湿度在 70%～80%可避免高温高湿导致试管苗玻璃化现象发生。

生根培养是整个流程中的关键环节，基本培养基的类型、蔗糖含量、琼脂、pH、生长调节物质种类和浓度、光照等都会影响不定根发生，最关键的是诱导生根的外源生长调节剂，常用的有 IAA、IBA、NAA 等，一种或数种联合使用，浓度多数在 0.1～3.0 mg/L。不同砧木适宜的生长素种类和浓度不同，王森森（2015）研究表明，苹果砧木优系 1 号、6 号、28 号、36 号、111 号、3 - 45、9 - 3 诱导生根最适宜的生长调节剂为 IAA 和 IBA；高付凤（2018）认为 IAA 是抗重茬苹果砧木优系 12 - 2BJ、31、2 - 7、2 - 1、E2 - 23、2 - 11、19、L24 最适宜的促生根剂；黄文静等（2017）研究表明，JM7 最适宜的生根培养基是1/2 LS＋NAA 0.5 mg/L＋IAA 1.0 mg/L；李绣坤（2018）发现苹果砧木 B9 诱导生根的最适培养基为 1/2 MS＋IBA 2.0 mg/L，M26 和M9T337 诱导生根的最适培养基为 1/2 MS＋IBA 2.5 mg/L。谢贝阳（2018）的研究表明，对 M9T337 砧木长期使用 IBA 诱导生根会抑制其不定根的长度。郭成等（2017）研究表明，苹果砧木平邑甜茶在含0.05～0.3 mg/L NAA 的 1/2 MS 培养基下，NAA 浓度越高生根数量越多，但平均根长越短。

蔗糖浓度也会影响试管苗不定根的发生。郭韩玲（2006）的研究表明，苹果绿宝品种生根适宜的蔗糖浓度为 20～25 g/L，超过 25 g/L 时对生根的促进作用降低。为了提高生根效率，简化育苗流程，解决易污染、出瓶死亡率高等问题，徐一超（2021）进行了苹果砧木 M26 等的无糖组织生根培养，建立了适用于苹果砧木的无糖组培生根技术体系，以 1/2

MS+1.0 mg/L IBA、白光、基质颗粒质量比为 1∶1.5∶1.5∶0.5（基质颗粒粒径：≤0.6mm、0.6～0.9mm、0.9～1.43mm、>14.3mm）的技术参数进行无糖组织生根培养，5 种苹果砧木的生根率均达到了 100%，认为无糖组培可以显著提高组培苗的移栽成活率。范志强等（2005）利用蛭石和珍珠岩按 2∶1 的比例用 1/2 WPM+IBA 0.35 mg/L 生根营养液调成生根基质在温室内进行 M9 瓶外生根试验，成活率在 90% 以上。李绣坤（2018）构建了 ARRO-1 过表达载体及 RNAi 载体，研究 *ARRO-1* 基因对不定根生成的影响，并对苹果农杆菌侵染参数进行了摸索，对该基因的启动子元件进行分析，并构建启动子驱动的 GUS 表达载体对烟草进行转化，来研究该启动子的功能，从基因层面解析生根机理，为提高和改进难生根树种试管苗生根问题提供理论依据。

　　炼苗移栽是将处于弱光、恒温、高湿特殊环境中的试管苗，经过光温气湿锻炼后移入田间，完成由"异养"到"自养"的转变。试管苗质量、炼苗方法、移栽基质、光温气湿等因素都会影响移栽成活率。移栽基质是移栽环节中的关键，其成分配比直接决定了基质的保水性、通气状况和养分供给，这些因素直接关系着幼苗移栽后地上部和根系生长的好坏。选优质壮苗，先闭口炼苗，通过逐渐增加光照强度，延长光照时间，用 10～15 d 完成瓶内炼苗，然后进行开口炼苗，降低瓶内湿度，使瓶内小气候逐渐向瓶外大气候过渡。用 5～7 d 促使瓶苗叶片厚实呈深绿色，叶脉明显凸出，茎干粗壮，根系较闭口阶段略长，即可完成瓶内炼苗，进行过渡移栽。周莉（2017）研究表明苹果砧木 M9、Mac9、B9、SH6、SH38、SH40 驯化移栽的适宜条件为：组培苗根长 3 cm 以上，根数 4 条以上，苗高 4 cm 以上，至少有 4 片叶子的壮苗；先闭瓶炼苗 6 d，再开瓶炼苗 3～6 d，以 3/5 间土+2/5 蛭石为基质，移栽成活率可分别达到 76.6%、82.2%、77.5%、77.2%、68%、70.1%。王淑华（2016）认为外源 SA 可以显著提高试管苗的移栽成活率，且存在浓度效应，向移栽后的试管苗立即喷洒 0.8 mg/L SA 可显著降低试管苗气孔开度、提高叶片叶绿素含量，从而提高移栽成活率。赵亮明等（2011）用 0.5 mg/L 的 $FeSO_4$ 溶液处理育苗基质使苹果砧木 M9、M26 生根苗移栽成活率提高到 90% 以上。马荣群等（2020）研究提出一种介于普通扦插和生根移栽之间的新的苹果砧木组培苗无根快速移栽方法，组培苗转接于特定生根诱导培养基 1/2 MS+IBA 2.0 mg/L，暗培养 4～8 d 后直接移栽至泥炭基质上，生根率达 80%；移栽至泥炭＋蛭石（1∶1）基质上成活率达 63.16%。该方法移栽成活率明显高于普通扦插方法，且省掉生根和炼苗两大步骤，节约时间 25 d 左右。

3. 扦插繁殖

扦插繁殖的关键是插穗不定根的发生。基因型是影响扦插生根最重要的因素，插条的生理与发育状况、枝条的营养物质、扦插的环境（光、温、气、湿等）条件、处理、扦插时期等都会影响插穗不定根的发生。而童性和生长素是影响不定根发生的最主要限制因素。

茎段继代培养可使苹果砧木更易生根。苹果砧木绿枝扦插生根率存在极显著的品种间差异，多数砧木不易生根。失去童性是导致苹果矮砧扦插繁殖不易生根的重要原因。通过连续茎段继代培养可成功诱导苹果矮化砧木返童，随着茎段继代次数的增加，成年期小金海棠、M9 和 M26 叶片中内源 IAA 的含量、生根相关基因 $CKI1$、$ARRO-1$、$ARF7$、$ARF19$ 和器官形成相关基因 $KNAT1$ 的表达量显著提高，而内源 ABA 的含量、DNA 甲基转移酶基因 $DRM2$ 的表达量和 DNA 总甲基化水平逐渐下降。成年期小金海棠、M9 和 M26 茎段继代到 15 代，成年期小金海棠叶片出现裂刻，表明成年期小金海棠、M9 和 M26 在第 15 次继代成功返童，采用组培返童的田间苗绿枝做插穗扦插移栽率显著提高。内源游离态 IAA 对不定根的形成有重要作用。不定根的发生期需要较高浓度的 IAA，较低浓度的 ABA、ZR；不定根的生长期需要较低浓度的 IAA、ABA，较高浓度的 ZR。外源吲哚丁酸（IBA）可促进苹果砧木碳水化合物和还原糖在插条基部积累，并且影响生长素极性运输，提高基部 IAA 水平，从而促进生根，不同生长调节剂混合使用促进生根效果显著。研究表明，M26 组培苗基部自由 IAA 含量是 M9 的 2.8 倍，这可能是 M26 生根率高于 M9 的原因。IBA 3 500 mg/L＋IAA 200 mg/L 处理苹果砧木 Y-1 绿枝插穗的生根率、不定根数量、至少 3 条不定根的插穗率显著高于单一生长素处理。新疆野苹果嫩枝扦插最适宜的处理组合是 IBA＋NAA＋ABT，浓度为 1 000 mg/L，处理时间为 10 s，生根效果最好。

苹果属（$Malus$ Mill.）植物不定根发生既受外源生长素的限制，同时又受植株年龄信号的影响，属于"生长素—童性限制型"，其茎段扦插产生不定根同时受童性和外源生长素共同影响，童性和生长素是不定根发生的两个必要因素。凡是能帮助其恢复童性和促进内源 IAA 产生积累的措施均有利于不定根的发生。

二、苗木繁育相关器械的研究应用

实现苗木生产机械化对促进苹果产业持续健康发展具有重要意义。我国苗木生产机械化研究与应用起步较晚，但也取得了一些进展。

为了解决苗木扦插基质温度不均匀的问题，严格控制苹果砧木扦插所需环境参数，米子腾（2022）研制了苹果砧木扦插繁育培养箱，经试验测试系统各环境参数均稳定在误差允许范围内，培养箱性能指标达到园艺 DG1178 生根环境标准要求。

针对苹果苗木在培育过程中需要去除苗木多余枝条即平茬后进行嫁接，工作效率低、成本较高的问题，杨振等（2021）试制了苹果苗木平茬机，田间试验合格率高于 95%，满足苹果苗木平茬中间砧木切割的农艺要求，并且能保证茬口的完整性。该苹果苗木平茬机采用旋转式切割装置，有利于提高切割效率和切割茬口的平整性，但对于后期的果树枝条处理还缺乏相应的研究。杨晓斌（2021）设计了夹持式输送机构用于辅助完成平茬作业，解决了割下苹果苗木就地散落的问题。试制样机田间试验结果表明，苗木平茬切口质量合格率为 94.4%，稳定系数为 92.7%，撕裂率低于 2.3%；平茬高度合格率为 95.7%，稳定系数为 95.3%；割下的苗木输送率为 91.8%，稳定系数为 93.1%。夹持输送机构将砧木切割过程变为有支撑切割，割后苗木可稳定输送，提高了作业效率，达到了苹果苗木平茬农艺要求。

目前苹果苗嫁接主要是人工嫁接，采用塑料薄膜缠绕固定和密封，生长一段时间后解除缠绕的薄膜。熟练工一天最多嫁接 1 000 株左右，费工且效率低。韩立志等（2018）研制出一种全新的嫁接工艺：选择舌接铁钉固定并蘸生长固定蜡（即 SDRG）的方法，确定了苹果机械化嫁接的工艺方案，解决了苗木嫁接结合部位的密封及固定问题。该嫁接工艺快捷、高效，可提高苗木成活率，节约劳动成本，对促进果树的工厂化育苗、适应机械化生产意义重大。

机械化起收苗木是实现苹果成品苗高标准生产的重要措施，能保证苗木根系完整、规格一致。路志坤等（2011）针对我国苹果树苗人工起苗效率低、伤根以及起苗标准不统一等问题，设计了侧置铲偏牵引方式的苹果树起苗机。田间试验和挖掘作业结果表明：采用起苗机进行起苗，起苗速度快，苗木根部规格统一，作业质量符合园艺要求，为专业化苹果树育苗提供了技术支持。杨欣等（2011）根据起苗铲结构、材料、载荷和受力情况等，利用内嵌于 AIP 的 ANSYS 技术模块创建了起苗铲三维有限元模型，划分了有限元网格，获得了起苗铲三维应力、变形和安全系数。通过样机起苗试验，改进的 L 形起苗铲成本低、工作阻力小、起苗作业可靠，取得了预期的效果。吕孟宽（2022）研制了复合式起苗机，作业性能稳定，所留切痕整齐，机具通过性良好，起苗过程中无土壤堆积现象，苗木收集省力，解决了现有起苗机在作业中存在的土壤残留较多、根土分离难、收集苗木费力等问题。

为了提高苹果苗木栽植作业效率，裴晓康等（2020）应用 AIP 实体三维设计软件研发了一种集旋耕、开沟、栽植、覆土、镇压于一体的连续作业的苹果苗木移栽机，并进行了田间试验。结果表明：移栽机性能稳定，开沟深度稳定性系数达 97.1%，栽植合格率为 98.6%，倒伏率和伤苗率低（倒伏率 0.83%，伤苗率 0.55%），满足果树苗木移栽作业的农艺要求，可提高移栽作业效率，为果树苗木机械化移栽提供了理论依据。

随着苹果产业的发展，我国苹果苗木机械化生产与应用也将持续进步。

三、苗木繁育相关土肥水方面的研究

王元征等（2011）以盆栽方式研究了新疆野苹果、莱芜难咽、平邑甜茶、山荆子和八棱海棠等苹果砧木对连作土壤的适应性。结果表明，连作条件下各砧木叶片光合速率和光合色素含量均低于非连作，砧木根系抗氧化物酶活性及丙二醛（MDA）含量较各自对照升高，最终连作抑制了砧木的干物质积累和地径的加粗，影响砧木的正常生长。5 种砧木中以平邑甜茶变幅最小，表明平邑甜茶适应性较强。

Liu 等（2011）研究了平邑甜茶、海棠楸子、八棱海棠 3 种盆栽苹果砧木对铜的耐受性、吸收和积累情况。结果表明，3 种苹果砧木中，平邑甜茶的耐铜性最好，芽和叶片部位铜的累积量为 0.7%～7.4%，仅达到海棠楸子的 40%～50%。认为在没有全面禁止含铜杀菌剂的条件下，使用耐铜且地上部铜积累少的根砧有可能成为在铜含量低的土壤中生产安全果品的一个好方法。

胡艳丽等（2011）研究表明，1年生平邑甜茶、八棱海棠、莱芜难咽实生苗在不同肥力条件下的根冠功能存在较大差异，随着土壤肥力的提高，根冠比减小，但是减少的比例在不同物种之间存在差异。适度的肥料供应可减少根系冗余。叶片净光合速率日变化均值与施肥水平成正比，不同砧木间也有所不同，莱芜难咽明显高于其他两种砧木。叶绿素荧光参数测定表明，相同的砧木品种，在不同肥力条件下，其热耗散能力差异明显，可能与肥力供应水平改变了叶片光合色素的组成有关。

这些研究为苹果苗木和果树生产提供了依据，通过探讨不同砧木对连作土壤的生理响应，鉴别、遴选连作障碍适应性较强的砧木，为生产中防治苹果连作障碍提供理论依据；通过了解根系冗余发生的原因，可以为制定人工塑造树体结构技术措施提供依据；对一些重金属含量高的土壤，可以甄选具有"排除"性的砧木，真正做到适地适栽，指导育苗和生产。

四、苹果苗木质量评价研究

对苗木质量评价研究主要是参照国家苹果苗木质量标准进行调查与评价。宋晓敏等（2013）对育苗大省山东省苹果苗木质量开展实地调查，选取有代表性的苗圃采集样本31份，随机取样1 279株，按照国家苹果苗木标准规定测定苗木的侧根数、根砧长度、中间砧长度、苗木高度、苗木粗度和倾斜度，进行比较分析。认为山东省苹果苗木质量与国家标准差距很大，苗木整体质量有待提高，国家苹果苗木标准有待修订完善。山东省苹果苗木质量与现行国家苹果苗木标准相比，一级苗比例很低，常规苗圃较优水平下2年生乔化和3年生矮化苗比例仅分别为13.9%和8.1%，示范苗圃的比例也仅为21.5%和14.0%。按照国家三级苗木标准，常规苗圃较优水平下2年生乔化和3年生矮化苗比例分别为71.9%和87.2%，示范苗圃分别为89.3%和100%。生产上2年生矮化苗还占有相当比例，但其基本达不到国家一级苗木标准，常规苗圃较优水平下的2年生矮化苗木达到三级标准的比例也仅为42.9%。国家苹果苗木标准中的侧根数、根砧长度、苗木粗度等指标要求与实际生产差异较大。

李高潮等（2011）研究了陕西省苹果苗木质量，参照现行国家苹果苗木质量标准，认为陕西苹果苗木质量普遍不高。对于常规苗圃，一般水平和较优水平下的 2 年生矮化苗木几乎完全达不到要求，达到我国三级标准要求的苗木比例只有 1.1％和 2.8％，2 年生乔化和 3 年生矮化苗木的这一比例分别为 28.8％、42.0％和 25.8％、73.1％。较优水平下的 2 年生乔化和 3 年生矮化苗中符合一级标准要求的苗木比例仅为 7.0％和 1.9％。我国苹果苗木质量标准中对侧根长度（≥20 cm）、根砧长度（≤5 cm）、中间砧长度变幅（≤5 cm）以及对于乔化苗和矮化苗采用相同苗木粗度的要求，很大程度上不符合生产实际，应做出一定的修改。建议根据实际情况，对我国苹果苗木质量标准中侧根长度、根砧长度和中间砧长度变幅的要求进行修改，针对乔化苗和矮化苗制定不同的苗木粗度要求，并增加苗木分枝方面的内容。

为提高苗木质量，昝燕（2011）研究了育苗密度的影响，认为导致苗木质量过低的主要问题包括育苗密度过大、水肥不足、苗木携带病毒等，必须配套规范的苗圃管理技术才能生产出优质苗木。昝燕的研究结果表明，不同育苗密度对苹果苗木的光合效率和侧枝总分枝数有显著影响，在一定范围内随着育苗密度的增加，苗木的光合效率和侧枝总分枝数均增大，认为行距为 60 cm，株距不小于 15 cm 的密度是最适宜的育苗密度。张志亮等（2009）研究发现，增施氮肥可以增加苹果树苗的累积耗水量，提高其水分利用效率，苗高、茎粗等生长量的累积幅度随着氮肥的增施而升高。王伯花（2016）研究了限根栽培对苹果苗木质量的影响，并对其相关生理机制进行了研究，结果表明适度限根（断根和移栽）可提高苹果苗木的质量，过度限根（移栽＋断根，移栽＋无纺布限根）对地上部生长的抑制作用过大，不能达到提高苗木质量的作用。限根栽培使苹果苗木净光合速率、气孔导度、胞间 CO_2 浓度、蒸腾速率减少，水分利用效率增加，根系可溶性总糖、蔗糖、葡萄糖、果糖、山梨醇增高。限根对植株生长素也有影响，限根栽培下，叶片中的 IAA 含量显著升高，根系中 IAA 含量显著降低；限根栽培对根部 IAA 的含量影响大于对地上部叶片中 IAA 的含量影响；限根处理减少了植株中 GA 含量。

具有较好地满足特定生产要求的分枝状况也是衡量苗木质量的一个

重要指标。我国对优质大苗的研究起步较晚，较少的研究主要集中在促分枝技术方面，生产中广泛应用的是短截和刻芽，对于化学促分枝技术目前实际生产中应用极少。而苗圃地可以集约统一管理，更容易实现优质大苗的培育，更符合我国生产实际。所以研究和制定适合我国生产实际的优质大苗（带分枝或无分枝）标准必不可少。

目前，世界上苹果生产大国对苹果苗木培育技术的投入和研究力度较大，其中优质苹果苗木的繁育方法是相关研究的重点。我国在苹果苗木培育方面积极向国际化先进水平靠拢，以培育优质大苗为目标，为此我们应该改变传统育苗观念，适当降低育苗密度并加强肥水管理，将国际先进经验和技术与我国的具体生产实际有机结合，不断提高苹果苗木的繁育技术，为我国苹果产业健康、稳定、可持续发展奠定基础。

<h2 style="text-align:center">主要参考文献</h2>

2021年我国苹果产业数据分析简报［EB/OL］.

杜学梅，高敬东，王骞，等，2022. 植物生长调节剂对苹果砧木 Y-1 绿枝扦插生根的影响［J］. 经济林研究，40（2）：83-90+143.

杜学梅，杨廷桢，高敬东，等，2019. 苹果扦插繁殖生根机理研究进展［J］. 农学学报，9（12）：17-22.

范志强，刘玲艳，谭志坤，等，2005. 苹果砧木 M9 组培幼苗瓶外生根研究［J］. 山东林业科技（6）：13-14.

付磊，史双院，2019. 西安市果树种苗繁育体系情况调查与对策建议［J］. 陕西林业科技，47（1）：91-96.

高付凤，2018. 初选苹果砧木优系重茬抗性检测及组培快繁［D］. 泰安：山东农业大学.

高美娜，孙明飞，朱杰，等，2023. 苹果砧木'冀砧2号'绞缢、环割压条生根效果及过程中 IAA 含量的变化［J］. 园艺学报：1-10.

高美娜，赵清，孙明飞，等，2022. 绞缢对'冀砧2号'苹果矮化砧压条生根及相关生理指标的影响［J］. 山东农业科学，54（2）：57-62.

郭成，葛红娟，赵玲玲，等，2017. 苹果砧木组培苗生根诱导技术研究［J］. 山东农业科学，49（2）：72-75.

郭韩玲，赵亚丽，梁建军，2006. 培养基蔗糖浓度对苹果组培苗扩繁和生根的

影响 [J]. 山西果树 (5)：11-12.

韩立新，郝贝贝，瞿振芳，等，2019. 豫西豫北区域苹果苗木繁育发展情况调查 [J]. 山西果树 (5)：42-43+46.

韩立志，吴晓峰，李芝茹，等，2018. 适应苹果苗木机械化嫁接的工艺研究 [J]. 林业机械与木工设备，46 (12)：69-71.

胡艳丽，毛志泉，李晓磊，等，2011. 三种苹果砧木不同肥力条件下根冠功能差异 [J]. 中国农业科学，44 (9)：1863-1870.

黄文静，杨光柱，郑丽萍，等，2017. 不同光质对苹果砧木 JM7 组培苗的影响 [J]. 中国南方果树，46 (1)：127-129.

李丙智，韩明玉，张林森，等，2010. 我国矮砧苹果生产现状及适应性调查 [J]. 果农之友 (2)：35-36.

李高潮，张庆伟，宋晓敏，等，2011. 陕西省苹果苗木质量现状调查及分析 [J]. 西北农林科技大学学报 (自然科学版)，39 (8)：158-164.

李浩，2021. 平邑甜茶的扦插繁殖技术体系建立及影响因素研究 [D]. 聊城：聊城大学.

李绣坤，2018. 苹果砧木不定根形成及不定根形成相关基因 ARRO-1 的功能分析 [D]. 西安：西北大学.

刘凤之，王海波，胡成志，2021. 我国主要果树产业现状及"十四五"发展对策 [J]. 中国果树 (1)：1-5.

刘美香，2019. 苹果矮化砧 M26 组培苗驯化移栽技术 [J]. 西北园艺 (果树) (8)：28-31.

鲁芯志，2022. 新疆野苹果嫩枝扦插生根生理变化及外源激素调控技术研究 [D]. 乌鲁木齐：新疆农业大学.

路志坤，刘俊峰，李建平，等，2011. 苹果树起苗机的研究 [J]. 农机化研究，33 (2)：55-57+61.

吕孟宽，2022. 苹果苗木起收根土分离机构研究 [D]. 保定：河北农业大学.

吕孟宽，杨欣，霍鹏，等，2021. 苹果苗木机械化起苗技术研究进展 [J]. 果树学报，38 (4)：592-602.

马荣群，黄粤，沙广利，等，2017. '青砧 1 号'苹果砧木组培快繁体系的建立 [J]. 北方果树 (4)：10-12.

马荣群，宋正旭，黄粤，等，2020. 苹果砧木组培苗无根快速移栽技术研究 [J]. 北方果树，215 (1)：13-15.

马小琴，2022. 山西省苹果产业发展趋势及其旅游价值分析 [J]. 中国果树 (10)：99-103.

米子腾，2022. 苹果砧木扦插繁育培养箱设计与试验［D］. 保定：河北农业大学.

聂继云，2013. 苹果的营养与功能［J］. 保鲜与加工，13（6）：56-59.

牛自勉，王贤萍，戴桂林，等，1995. 苹果砧木玻璃化过程中内源激素的含量变化［J］. 华北农学报（3）：15-19.

裴东，郑均宝，凌艳，等，1997. 红富士苹果试管培养中器官分化及其中部分生理指标的研究［J］. 园艺学报，24（3）：229-234.

裴晓康，刘洪杰，杨欣，等，2020. 苹果苗木夹盘式移栽机的设计与试验［J］. 农机化研究，42（4）：109-112+179.

宋春晖，谢贝阳，董志丹，等，2020. 柱状苹果组培外植体褐化控制与不定芽诱导方法探索［J］. 分子植物育种，18（16）：5459-5465.

宋晓敏，李高潮，张庆伟，等，2013. 山东省苹果苗木质量调查与分析［J］. 西北农林科技大学学报（自然科学版），41（2）：94-100.

汪景彦，李壮，李敏，等，2019. 密切结合国情，建设中国特色苹果生产强国［J］. 中国果树（5）：1-6.

王伯花，2016. 限根栽培对苹果苗木质量的影响及相关生理机制研究［D］. 杨凌：西北农林科技大学.

王海波，周泽宇，杨振锋，等，2023. 我国果业高质量发展的战略思考与建议［J］. 中国果树，234（4）：7-15.

王森森，2015. 几种新型苹果矮化砧木的组培快繁技术研究［D］. 保定：河北农业大学.

王淑华，2016. '嘎啦'苹果试管苗脱毒体系建立及生根移栽研究［D］. 兰州：甘肃农业大学.

王璇，刘军弟，邵砾群，等，2018. 我国苹果产业年度发展状况及其趋势与建议［J］. 中国果树（3）：101-104+108.

王元征，尹承苗，陈强，等，2011. 苹果5种砧木幼苗对连作土壤的适应性差异研究［J］. 园艺学报，38（10）：1955-1962.

郗荣庭，2000. 果树栽培学总论［M］. 3版. 北京：中国农业出版社.

肖祖飞，2014. 童性对苹果砧木绿枝扦插生根的影响［D］. 北京：中国农业大学.

谢贝洋，2018. 苹果茎段离体培养及激素调控生根的研究［D］. 郑州：河南农业大学.

谢宏伟，梁录瑞，刘文杰，等，2022. 国内外苹果苗木生产现状及对策［J］. 中国果树（9）：89-92.

徐世彦，张恒涛，阎振立，等，2013. 我国苹果苗木生产存在问题及建议 [J].
　　中国果树（1）：74-76.

徐一超，2021. 苹果砧木无糖组培生根技术体系的建立 [D]. 杨凌：西北农林
　　科技大学.

宜景宏，吕德国，程存刚，等，2015. 辽宁苹果种苗繁育体系建设的思考 [J].
　　北方果树（3）：48-51.

闫彩云，2022. 林木种苗在林业可持续发展中的重要性研究 [J]. 农业灾害研
　　究，12（12）：194-196.

杨利粉，孟红志，马宏，等，2017. 绞缢对苹果矮砧压条新梢激素含量及生根
　　相关基因表达的影响 [J]. 园艺学报，44（4）：613-621.

杨诗妮，徐贞贞，王鹤妍，等，2023. 我国苹果全产业链标准体系现状分析及
　　思考 [J]. 农产品质量与安全（1）：46-49.

杨晓斌，2021. 苹果苗木平茬机夹持输送机构研究 [D]. 保定：河北农业大学.

杨欣，刘俊峰，李建平，等，2011. 苹果起苗铲有限元分析与结构设计 [J].
　　农业机械学报，42（2）：84-87+125.

杨雨璋，周贝贝，李民吉，等，2011. 苹果矮化砧木'SH6'组培快繁培养基
　　大量元素配方的优化 [J]. 果树学报，37（1）：40-49.

杨振，杨欣，杨晓斌，等，2021. 基于虚拟正交试验的苹果苗木平茬机切割器
　　参数优化设计 [J]. 中国农业科技导报，23（1）：98-106.

于润欣，2022. 临猗县苹果苗木繁育现状、存在问题与工作方向 [J]. 果农之
　　友（4）：56-58.

昝燕，徐金涛，韩明玉，等，2011. 普洛马林和不同短截处理对2年生苹果苗
　　木分枝特性的影响 [J]. 西北农林科技大学学报（自然科学版），39（6）：
　　185-190.

张庆伟，2012. 育苗密度和促分枝技术对苹果苗木生长发育的影响 [D]. 杨
　　凌：西北农林科技大学.

张庆伟，韩明玉，赵彩平，2011. 苹果苗木及幼树促分枝技术研究进展 [J].
　　果树学报，28（1）：108-113.

张秀英，鲁兴凯，程安富，等，2022. 基质对苹果砧木M26脱毒组培苗移栽成
　　活率和生长的影响 [J]. 中国南方果树，51（5）：150-153.

张志亮，张富仓，郑彩霞，等，2009. 不同水氮处理对果树幼苗生长和耗水特
　　性的影响 [J]. 干旱地区农业研究，27（6）：50-57.

赵德英，2023. 我国苹果省力化栽培模式的选择 [J]. 果树实用技术与信息，
　　339（2）：4-5.

赵亮明，王飞，韩明玉，等，2011. 苹果砧木组织培养与快繁技术研究［J］.
　　西北农业学报，20（7）：118-122.

郑清波，鲍泽洋，蓝青青，等，2023. 童性与生长素对不定根发生的影响研究
　　进展［J］. 园艺学报，50（2）：441-450.

周莉，2017. 苹果矮化砧木离体培养和快繁体系建立与优化［D］. 杨凌：西北
　　农林科技大学.

朱昆，2018. 秦皇岛市果树苗木产业现状、问题与建议［D］. 秦皇岛：河北科
　　技师范学院.

Liu C S，Sun B Y，Kan S H，et al.，2011. Copper toxicity and accumulation in
　　potted seedlings of three apple rootstock species：implications for safe fruit
　　production on copper-polluted soils［J］. Journal of plantnutrition，34（9）：
　　1268-1277.

第二章
专业化苗圃繁育基地的建设

为了培育、生产规格化优质苗木，应根据不同地区设立各种类型的专业性苗圃。大型专业苗圃应根据苗圃的性质和任务，结合当地的气象、地形、土壤等情况进行全面规划，包括母本园和繁殖区两大部分。

第一节　母本园的建立

母本园包括优良品种采穗圃、优良砧木母本园和砧木采种园三部分。母本园主要保存种质繁殖材料，向育苗单位提供砧木、品种接穗和砧木种子。建立母本园所用材料应一律来自原种保存圃，可直接引进原种树栽植，也可采集原种树上的离体材料进行繁殖。

园址应选择无检疫性病虫害、无环境污染、交通便利、背风向阳、地势高燥、土壤 pH 5.5～7.8、有灌溉条件、排水良好的沙质壤土或中壤土地，且已连续 3 年未繁育果树苗木和种植过果树，10 年内未繁育过苹果树、梨树等仁果类和桃、李等核果类果树苗木，也未种植过同类果树的地块。与一般果树或苗木相距 100 m 以上，与仁果类果园和苗圃相距 500 m，周边 5 km 内应无龙柏、塔柏等桧柏类树种；砧木采种园要求周边 5 km 内无苹果属植物。建园前按优良品种采穗圃、优良砧木母本园和砧木采种园进行区划，分区域设计规划好排灌系统、道路、电力、建筑物等基础设施。面积依据发展规划和实际需求确定，一般每亩可采生产接芽 15 万左右。

入园砧木和品种均应选择省级及以上审（认）定的良种，按照各地产业发展规划，选择适合区域发展的良种。目前生产中应用较多的砧木品种主要有：自主选育的 SH 系（如 SH1、SH6、SH40、SH38 等）、GM256、Y 系、青砧 1 号、青砧 2 号等，从国外引入的 M26、M9 优系

（T337）、M9 等。生产上应用比较广泛的苹果品种有：早熟品种藤牧 1 号、嘎啦优系、美国 8 号等从国外引入的品种和华硕、华美、华玉、冀苹 1 号、鲁丽等国内选育的品种；中熟品种有弘前富士、玉华早富、望山红、红将军、八仙早富等富士早熟芽变优系品种和华冠、天汪 1 号、新首红、首红等元帅系短枝品种；晚熟品种中，长枝品种主要有岩富 10 号、长富 2 号、烟富 3、烟富 8、烟富 10、天红 1 号、秦脆、龙富、元富红、瑞雪、维纳斯黄金等，短枝品种主要有宫崎短枝、惠民短枝、礼泉短富、天红 2 号、烟富 6 号、烟富 7 号、寒富等。

一、优良品种采穗圃

（一）新建品种采穗圃

1. 种植规划

良种母本园可按成熟时间或果实生育期长短划分为早熟、中熟、晚熟品种培育区，再划分细一些还可增加中早熟品种和中晚熟品种。各培育区又可按果实成熟时果皮颜色或果肉颜色等特点划分为小区，各培育区各品种行状栽植，依据生产需要每品种栽植 1～3 行。绘制定植图，挂牌，设立永久标识，注明良种名称（引进品种还应有外文名称）、选育单位、基砧、编号（同一品种按顺序编号）、栽植时间、苗木来源、同一品种数量等信息。做到每株都有编号信息，以免混杂。

2. 良种苗木选择

依据圃地立地条件选择八棱海棠、红海棠、黄海棠、山定子、新疆野苹果等做基砧，接穗品种为经有关专家鉴定的目标品种，要求品种纯正。苗木质量应达到 GB 9847—2003 规定一级苗质量标准：苗高大于 120 cm，接口以上 10 cm 处茎粗大于 1.2 cm，接口下砧段长度不超过 5 cm；在整形带内有饱满芽 10 个以上；接合部愈合良好，树皮和茎皮无损伤，无皱缩，无病虫害。根系有侧根 5 条以上，长度在 20 cm 以上，侧根分布要舒展而不卷曲，并有较多的小侧根和须根；基部粗度 0.3 cm 以上。矮化中间砧苗还要求中间砧长度为 20～30 cm，同一批苗变幅不超过 5 cm。

3. 圃地准备

栽植前要平整土地，要求做到深耕细整，清除草根、石块，地平土碎。于秋（冬）翻耕深度 25 cm 以上，冬季无积雪的地区随耕随耙，圃地湿润或冬季有积雪的地区，耕后可不耙，翌年早春耙地。春季翻耕深度 20 cm 以上，随耕随耙，及时平整、镇压。前茬是农作物的，先浅耕灭茬再整地。整好地后采用南北行向栽植，沿定植行开挖宽 1 m、深 0.8 m 的定植沟。乔化稀植圃可开挖长、宽、深均 1 m 的定植坑。将表土、底土分开堆放，沟（坑）底回填 30 cm 混有作物秸秆或杂草的熟土，然后将腐熟的农家肥每亩 5 000 kg 与表土混匀后施入，其上施入与底土混匀的生物肥（每亩 100 kg）和复合肥（每亩 200 kg）。备栽。

4. 栽植时间与密度

早春土壤解冻后，气温稳定在 10 ℃ 以上时栽植，一定要在苗木萌芽前完成。不同地区春季栽植的最佳时间存在差异，从南到北栽植时间逐渐推迟。山西一般在 4 月初，陕西地区在 3 月下旬至 4 月上中旬，新疆南疆 4 月 5～15 日，北疆 4 月 15～25 日。秋季栽植的最佳时间是 10 月中下旬到土壤上冻前，但定植后应注意预防冬季严寒造成抽干或冻死。乔砧苗定植密度株行距采用（3～4）m×（4～5）m，每亩栽 33～56 株；矮化中间砧株行距采用 2 m×（3～4）m，每亩栽 84～111 株。

5. 栽植

栽植前将苗木根系用清水浸泡 24 h，或用浓度 30 mg/kg GGR6 号生根粉溶液浸根 3～4 h，然后再放入清水浸泡 12 h 以上，待苗木吸足水分后定植。

栽植苗木时直接在栽植沟上按照规划株行距挖长、宽、深均为 40 cm 的栽植穴，将处理好的苗木放入穴中央，舒展根系、扶正苗木，并向根系四周填土，采用"三踩二提"法，轻提并踏实。苗木定植深度，乔砧苗以地面与原根颈处齐平为准，矮化中间砧苗一般以中间砧露出地面 3～5 cm 为宜。栽后立即灌水，待水渗透后扶苗撒干土封盖。约 1 周后浇第二水；约 10 d 后浇第三水，以保证苗木成活。

6. 栽后管理

栽后即于苗木 80～100 cm 饱满芽处定干，剪口距顶芽 1 cm 左右。随后套膜管，套时向膜管吹一口气使膜管鼓起，套好后膜管距苗干顶部 3～5 cm，下部埋入土中，在苗干中系绳固定膜管。发芽后顶芽长到 2～3 cm 时先在膜管顶部破洞炼苗，5 d 左右选阴天或傍晚去除膜管。膜管规格为长约 1.2 m，直径 8～10 cm，厚度 0.01 mm 的白色薄膜。同时及时做好假死苗促活、中耕、除草、追肥、排灌、除蘖和病虫害防治等工作。

（1）树形管理

①树形选择。采用自由纺锤形树形骨架，多主枝中心干形树形。该树形的结构为：干高 60 cm 左右，树高 2.5 m 左右，中心干着生 15～25 个主枝，主枝角度 60°左右。

对采穗母树连年短截平茬采集穗条，易造成树形紊乱、枝条密集，从而导致树势衰弱，诱发病虫害，减短母树寿命。因此采穗母树选择合理树形并正确管理树形极为重要。自由纺锤形树形骨架多主枝中心干形树形，通过合理修剪可使母树主从分明，上下错落有致，枝条疏密得当，通风透光良好，病虫害少，枝条长势强，采穗数量多、质量好，树势强，母树寿命长。

②树形培养。定植当年，萌芽后选顶端强壮的枝做头，抹除其下 2～3 个芽，并立竹竿对中心干延长枝进行直立绑缚；抹除树干地面以上 60 cm 内的所有芽梢，60 cm 以上萌发的所有芽梢生长至 30 cm 左右时用牙签开角，当新梢生长至 50 cm 左右时拉枝，使枝条与中心干夹角呈 60°左右。

定植第 2 年春季萌芽前，对树势偏旺植株的中心干延长枝轻剪，树势中庸或偏弱的植株在中心干饱满芽处短截，中心干上的其余枝条均留 1 cm 左右短橛去除，剪口涂抹愈合剂；同时对主干光秃部位涂抹或喷施发枝素 1～2 次（间隔 7～10 d），促光秃部位萌生新枝。中心干上萌发的新梢管理同定植当年。

定植第 3 年春季萌芽前中心干延长头不短截，在中心干部位继续喷涂发枝素，促发分枝。冬季修剪时对达到着生处直径 1/4 以上的分枝和竞争枝以及对生枝、轮生枝和角度过小的枝进行疏除，使中心干上螺旋状保留分枝 15～25 个，至此树体已基本达到树形要求（图 2-1）。

图 2-1　彩穗园母树生长状

对采穗圃母株，从定植第

3年起，每年落叶后至第2年萌芽前（一般2月底前）需进行一次平茬短截，剪除主枝上的全部分枝。主枝及其上分枝（侧枝）的剪留高度依品种、砧木的生长特性略有不同，多为5～15 cm；一般对主枝延长枝基部留3～5个芽重短截，促发长枝，增加枝量；侧枝延长枝基部留1～3个瘪芽极重短截，增加中短枝量，填补空缺。以后保持母株主干60 cm以下无主枝，主干上保留主枝数15～25个，每个主枝保留2～5个侧枝，主枝和侧枝相互间的空间分布合理。

每年平茬时，每株可保留2个细弱枝结果，观察结果性状，发现性状不好的单株则应停止采集穗芽，连年表现不好时应予淘汰。

硬枝穗条的采集可结合平茬进行，绿枝穗条随用随采。采接穗时基部留10 cm桩，培养多头，以后采接穗桩上的芽生成的接穗，5月底前对生长强旺的主头进行轻摘心，冬季修剪时剪除弱枝，疏除过密枝桩，保证枝条的合理密度和延伸空间。

（2）肥水管理及病虫害防治

采穗圃每年割取大量种条，养分消耗多，对肥水需求量大，加之连年平茬伤口多，极易诱发病害尤其是腐烂病发生，若管理不当轻者树势衰弱，穗条产量低质量差，重者母树死亡。因此必须充足施肥，合理灌水，加强病虫害防治，以保证母树健壮生长和持续高产稳产。

施肥以有机肥为主、化肥为辅。在秋季9月中旬至10月下旬施入充分腐熟的人粪尿、厩肥、堆肥和沤肥等农家肥，适量混入氮磷钾单质或复合肥以及硅钙镁化肥。可亩施腐熟猪粪等有机肥2 000～3 000 kg，配施木美土里等生物菌肥30～50 kg、氮磷钾（15-15-15）复合肥30～50 kg的基础上，于翌年生长前期（4月中下旬）每亩追施高氮中磷复合肥15～30 kg，中后期（7月中下旬）追施中磷高钾复合肥20～30 kg。施肥后立即灌水，使渗水深度达到40～60 cm。结合生长前期叶面喷施0.3%尿素，后期叶面喷施0.3%～0.4%磷酸二氢钾。

采穗圃主要病害有腐烂病（90%以上在剪锯口处）、白粉病等；主要虫害有蚜虫、卷叶蛾、金纹细蛾等，病虫防治应以防为主，防治结合。在加强生长季追肥、秋施基肥增强树势的基础上，可采取冬剪前每天对修剪工具涂刷0.01%高锰酸钾溶液消毒；冬剪时，前面采穗，后面随即对剪锯口涂抹果树愈合剂封闭伤口，预防腐烂病；冬剪后、萌芽前各喷1次5波美度石硫合剂，降低越冬病虫基数预防。发现白粉病梢，及时剪除装入塑料袋集中烧毁，并于4月上中旬叶面喷施20%粉锈宁1 500倍液。4月下旬至5月上旬卷叶蛾发生时或5月下旬至6月上旬金纹细蛾发生时，叶面喷施25%灭幼脲3号2 000倍液。以后视病虫发生情况进行防治。

（二）高接换优采穗圃

对园相整齐、树势健壮、无病虫害、交通方便的2～5龄实生或品种杂乱的苹果园，每亩有效株数达33株以上的，可改建为优良品种采穗圃。

1. 接穗选择与采集

接穗要求在原种保存圃内采集。春季嫁接的接穗在休眠期采集，选择芽体饱满、节间适中、无病虫害、直径在6～8 mm的当年生枝，进行封蜡处理或用塑料薄膜密封好，30～50根一捆，标记品种挂好标签，置于0～5 ℃冷库、地窖贮藏，或直接沙藏。夏秋季嫁接的随用随采，选择生长发育良好、芽饱满且无病虫害的木质化、半木质化新梢，在上午10：00之前或下午4：00后采集，剪掉叶片，留叶柄，竖直放到水桶里，水没过剪口1～2 cm，露出部分用拧干水的湿毛巾包裹；不能及时嫁接的接穗应进行低温保存，保持环境温度0～5 ℃，相对湿度60%～70%或放到5 m以下深水井中贮藏。

2. 嫁接时间与方法

高接换优可于春季采用枝接法嫁接，也可于夏秋季采用芽接方法进行多头嫁接。

春季嫁接在树液流动以后到开花前进行，一般在树体萌动前5 d至萌动后20 d内最为理想；可综合应用劈接、腹接、切接、皮下腹接、单芽切接、单芽腹接等多种方法。芽接一般在"离皮"时即可进行，夏季芽接一般在5月下旬至7月中旬；秋季芽接一般在8月上旬至9月下旬；一般采用T形芽接、带木质芽接等方法。生产中以春季皮下枝接更为常用。

3. 嫁接前处理

在休眠期，对需要换优树体进行处理。若树体结构合理，可选择多头嫁接方式，接口要尽量靠近主干；若结构不理想，可在主干距离地面以上40～60 cm处截干处理，用修枝剪或手锯将砧木上部锯断削平，直接在锯口嫁接；也可在春夏季将砧木树体整形修剪出合理的结构后嫁接。嫁接前5～7d圃地灌水一次。

4. 嫁接后管理

接穗长至5cm以上时补水一次。嫁接后10～15d，成活穗条长度达15cm以上时，及时抹除砧蘖、进行松绑、辅助固定接穗，确保接穗正常生长；未成活的应及时补接。以后依据接穗的生长情况，对接穗进行顶端摘心和秋季控水，确保接穗健壮生长和充分木质化，以利安全越冬。

肥水管理和病虫害防治参照新建品种采穗圃进行。

二、优良砧木母本园

(一) 种植规划

优良砧木母本园可按国外引进和国内自主选育划分大培育区，大培育区按砧木的矮化程度（半矮、矮、极矮）分为培育区，各培育区各品种行状栽植，依据生产需要每品种栽植1～3行。绘制定植图，挂牌，设立永久标识，注明良砧名称、来源、编号（同一品种按顺序编号）、栽植时间、同一品种数量等信息。做到每株都有编号信息，以免混杂。

(二) 良砧苗木选择

选择苗茎充实、芽眼饱满、根系发达（侧根舒展不卷曲，有较多小侧根和须根）、侧根基部粗＞1.5mm、根皮光滑、干高＞50cm的无病虫害、生长健壮的砧木苗为砧木母树。若选用嫁接苗（寄根砧苗），要求具备5条以上直径≥3mm、长度≥20cm的侧根，根砧长度≥5cm。

(三) 栽植

早春土壤解冻后，气温稳定在10℃以上时栽植，一定要在苗木萌芽前完成。一般是苹果树的萌芽期到初花期栽植。也可在秋季土壤封冻前栽植，但栽后应做好越冬防寒工作。

栽植前要平整土地。一般在秋末、冬初或春季进行整地，全面清除前茬作物的秸秆、残根、枯枝落叶及石块、草根等，要求做到深耕细整、地平土碎。采用南北行向栽植。按设计规划的株行距挖深80cm、宽60～80cm的栽植沟，将表土、底土分开堆放，沟底回填30cm混有作物秸秆或杂草的熟土，然后每亩施入腐熟的农家肥3 000kg，与表土混匀后施入，其上施入与底土混匀的生物肥 100 kg 和复合肥 200 kg（均为亩用量）。

栽植前将苗木根系用清水浸泡 24 h，或用浓度 30 mg/kg GGR6 号生根粉溶液浸根 3～4 h，然后再放入清水浸泡 12 h 以上，待苗木吸足水分后定植。

依据穗条产量高、质量好，圃地田间操作管理方便以及繁育圃对穗条的需求量等，确定母本园的株行距，一般为（1～2）m×（2～3）m。栽植苗木时直接在栽植沟上按照确定好的株行距挖 40 cm 见方的栽植穴，将处理好的苗木放入穴中央，舒展根系、扶正苗木，并向根系四周填土，采用"三踩二提"法，轻提并踏实。苗木定植深度以地面与原根颈处齐平为准。栽后立即灌水，待水渗透后扶苗撒干土封盖，约 1 周后浇第 2 水；约 10 d 后浇第 3 水，以保证苗木成活。如果定植的嫁接苗也可将接口埋入地下 10～15 cm，促进入土矮化砧生根，促进母株根系发达。

（四）栽后管理

1. 树形管理

优良砧木母本园的任务是繁育穗条，母本树的树形采用丛生状和小冠状，更有利于穗条的早产、多产、采集与管理。

（1）丛生状母本树的树形管理

定植后在 10～15 cm 处定干，剪口距顶芽 1 cm 左右。随后套膜管，套时向膜管吹一口气使膜管鼓起，套好后膜管距苗干顶部 3～5 cm，下部埋入土中。发芽后顶芽长到 2～3 cm 时先在膜管顶部破洞炼苗，5 d 左右选阴天或傍晚去除膜管。膜管规格为长约 30 cm，直径 8～10 cm，厚度 0.01 mm 的白色薄膜，当年可萌发新梢 5 个左右。7 月份可剪取新梢做种条，剪口下留 2 cm，8 月间长出 6～8 个二次新梢，至 11 月二次萌发的新梢完全成熟，结合冬季修剪采穗储藏至来年春季使用。冬季修剪采用短截平茬，平茬高度 2 cm。第二年春季母株可萌发新梢 8～10 个，7 月初第一次剪条，9 月上旬第二次剪条，后期生长的小枝 11 月剪条。以后每年可采穗条 2～3 次，可结合修剪进行。每次剪取穗条留茬高度 2～3 cm。

（2）小冠状母树的树形管理

栽后即于苗木 30 cm 处定干，剪口距顶芽 1 cm 左右。随后套膜管，套时向膜管吹一口气使膜管鼓起，套好后膜管距苗干顶部 3～5 cm，下部埋入土中，在苗干中部系绳固定膜管。发芽后顶芽长到 2～3 cm 时先在膜管顶部破洞炼苗，5 d 左右选阴天或傍晚去除膜管。膜管规格为长约 60 cm，直径 8～10 cm，厚度 0.01 mm 的白色薄膜。第一年春季从主干上发枝 3～5 个，7 月第一次剪取新梢做种条，剪口下留 5～10 cm。8 月萌发二次枝 6～8 个，11 月结合平茬修剪（平茬高度 3～5 cm）剪取种条。第二年春季萌发新梢 8～10 个，7 月初、9 月上旬、11 月均可剪取种条，每次剪取穗条留茬高度 3～5 cm。第三年及以后的树形管理依照第二年进行。

采穗圃要每年平茬，以保持种苗从基部萌生枝条的能力及枝条充足的营养供给。平茬时间在早春树体萌芽前较好，每次平茬后都要对剪口涂抹愈合剂保护。3 年后，结合品种生长特性及母树生长情况适当调整平茬高度。一般 7 年左右，采穗圃由于连年采条，树势削弱，长势衰退，导致种条质量和利用率下降，田间管理也不方便。为恢复其生长势，需要更新。可在秋末冬初进行根桩平茬，使其在根基部重新萌发形成根桩，再生产种条。也可以将整个老根挖掉，重新栽植。或另选圃地，重新建立采穗圃。

2. 肥水管理和病虫害防治

参照优良品种新建采穗圃的管理进行。

三、实生砧木采种基地

我国是世界上原产果树最多的国家，仅苹果属（*Malus* Mill.）植物就有 17 种起源于我国并仍有分布，是世界上苹果属植物最大的基因中心，蕴藏着丰富的利用价值。其中包括常用作苹果砧木的山定子 [*Malus baccata*（L.）Borkh.]、湖北海棠 [*Malus hupehensis*（Pamp.）Rehd.]、河南海棠 [*Malus honanensis* Rehd.]、西府海棠（*Malus×micromalus* Makino）、新疆野苹果 [*Malus sieversii*（Led.）Roem.]、楸子 [*Malus prunifolia*（Willd.）Borkh.] 等。这些苹果实生砧木资源通过长期的进化和演变形成了丰富多样的类型，一些重要性状（形态性状、抗性等）在不同种间和同种的不同生态居群间或株系间均存在显著差异，甚至在株系内分离也相当严重，严重影响了苹果苗木的繁育。所以建立实生砧木采种基地尤为重要。

（一）母树林

在广泛的资源调查和实地勘查基础上，依据适地适树原则，从现有的天然林和人工林中经选择、抚育、存优去劣、疏伐改建成母树林或用超级苗造林建成母树林，专供采集种子。

1. 母树林选择和区划

在苹果砧木分布区内对其天然林进行全面勘查，了解林况地况，将母树林选在优良种源区或适宜种源区内，气候生态条件与用种区相接近的地区。要求地形平缓，交通方便，面积相对集中并达到一定规模，一般集中连片面积应达到 4 hm² 以上。选择天然林、纯林、同龄林，树龄为中龄、壮龄或成熟龄林，林木生长健壮、自然整枝好、无病虫害、通风透光良好。对中选的林分进行编号、标明和登记，并做好区划。标定母树林的周围界限，面积过大的林分，要区划经营区，面积 10～20 hm²，修建必要的区划道，绘制母树林区划平面图，计算出母树林的面积。一般林道面积约占到母树林面积的 5%。母树林四周要设置机械围栏，开设防火隔离带，带宽不低于母树树高，及时清除杂草和灌木。设置保护母树林的宣传碑牌。禁止放牧。

2. 母树林管理

进行每木调查，实测干径、树高、枝下高和冠幅等指标确定优良木，要求优良木的树高和干径不小于林分平均值加标准差。优良木要占到 20% 以上。对全林分按优良木标准进行留木标记，依据去劣留优，均匀分布，促进结实的原则进行疏伐改造。以保留木为中心，采取定株环状疏伐。伐除枯立木、风折木、病腐木、被压木、形质低劣的不良母树和非目的树种，逐步伐去不宜留作母树的中等木。如有 2～3 株优良母树集中在一起，可作为母树群保留。疏伐后留下的母树树冠应能充分伸展，互不交接，树与树间留有 1～2 m 间隔，郁闭度控制在 0.5～0.7。视树冠伸展情况一般 3～5 年疏伐 1 次。对改造后的母树林要加强抚育管理，及时铲除妨碍母树生长的灌木、杂草等，结合松土除草埋青培肥，根据土壤肥力，结合树体生长发育状态于萌芽前后和花后果实膨大初期施肥养护，促进花芽分化和果实生长，提高种子产量和品质。同时要加强病虫害防治，促进树体健壮生长。科学采种，采收时要保护好树体，严禁损坏树冠。

（二）实生苗种子园

种子园应建设在目标种子生产树适生区，交通方便，便于种子加工、分级、贮藏与销售。立地条件要有利于该树种长期大量结实，且能集中连片。要求地势平缓，光照充足；土层厚度大于 40 cm，肥力中等、透气性和排水良好的壤土，土壤 pH 5.5～7.8；在干旱地区，应有一定的灌溉条件。排水不良、风口以及易发生冻害地段均不能选作园址。要有天然隔离空间或方便设置人工隔离带，距附近苹果属植物 5 km 以外。

种子园地的面积应依据生产需求和单位面积产量确定。一般建立 1 个 20 亩的生产基地就可以解决 120 万～240 万株苹果砧木的种子需求。

选用优树自由授粉种子或控制授粉种子繁育苗木，从其后代苗木中选取超级苗营建。种子园要求带状整地，带宽 1 m，按株行距 2.5 m×2.5 m 挖定植穴，规格为长、宽各 60 cm，深 30 cm 左右。在春季或冬季栽植，加强实生苗的抚育管理，确保成活并促进生长。以后，通过逐步疏伐，去劣留优，优中选优，最后每亩保留母树 20～30 株。种子园的抚育应更为细致，幼园每年需要松土除草 2～3 次，最好间作套种，改良土壤，及时防除病虫害，以促进和保证幼苗健康生长。树形采用主干形、疏散分层形或自然圆头形，依据不同树种生长特点及树形结构进行整形修剪，确保树体通风透光，树势稳健，连年结实，稳产丰产。适当控制树高，便于采种与管理。

四、母本园档案管理

管理好母本园档案能够为科学经营采穗圃和采种基地提供可靠的依据。

采穗圃基地建设档案的主要内容包括：各类审批文件、设计文件；建设时间、权属、立地条件，面积、品种布局图、品种、品种鉴定专家；管理措施，病虫兽害种类和防治情况；检查验收和验收成果情况。技术档案由专人负责，不得漏记和中断，业务领导和技术人员审查签字。同时记载各品种、株系的生长量（干周、树高、枝展、新梢生长量）、始花、始果年龄、产量、果实大小、色泽等，逐年记载，不得间断和遗漏。记录母本园向外提供的苹果品种接穗、无性系砧木苗、种类、品种（或类型）、数量和接收单位。

采种基地档案管理包括：采种基地样地调查档案、采种基地母树产种量档案、采种基地经营管理措施档案、森林病虫害档案，种子的各项技术检验档案等。采种基地技术档案应包括：采种基地调查表、采种基地每木调查表、采种基地疏伐概况表、采种基地作业登记表、母树生长结实调查表、物候期观测资料等。由此分析母树结实、种子产量、质量与经营管理措施的关系，为提高种子产量和质量提供科学依据。

第二节　苗圃地选择与规划

苗圃是培育和生产优良果树苗木的基地。圃地地势、土壤类型、pH、施肥、灌水条件、病虫害防治及管理技术水平等，对培育优质苗木都有重要影响。为确保苹果产业的健康稳步发展，建设专业化高水准的大中型长期商品性专业苗圃，必须做好圃地的选择规划。

一、苗圃地选择

苗圃地要严格选址。苗圃地的生态环境要符合 GB 3095—2012 的环境空气质量标准。苗圃地不能连作，育过苗的地要种植豆类、禾谷类作物轮作倒茬 3~4 年后再育苗，以保证苗木质量。繁育无病毒苗木的苗圃地，要选择以前未繁殖过苹果苗木、地势平整、土壤疏松肥沃、具备能排水可灌溉条件的地块。具体要求圃地无检疫性病虫害和环境污染；交通便利；背风向阳，地势高燥，排水良好；地下水位在 1.5 m 以下；有灌溉条件；土层深厚，土壤肥沃，土质以沙壤土、壤土和轻黏壤土为宜；土壤 pH 以 5.5~7.8 为宜；苗木繁育前至少 3 年内未繁育果树苗木或栽种过果树。

二、苗圃地规划

苗圃地一般要规划为生产区、辅助生产区和办公区三部分。生产区是苗圃的核心区域，根据所培育的苗木种类分为实生苗培育区、自根苗培育区和嫁接苗培育区，为了耕作和管理方便，最好结合地形采用长方形划区，长度不短于 100 m，宽度可为长度的 1/3~1/2；也可用亩为单位进行区划。同时结合地形规划好排灌系统，为减少冲刷，沟渠比降以不超过千分之一为宜。苗圃中繁殖区要实行轮作倒茬，避免在同一地块中连续种植同类或近缘的以及病虫害相同的苗木。以免引起土壤中缺乏某些营养元素、土壤结构破坏、病虫害严重以及有毒物质的积累，造成苗木生长不良。一般轮作年限为 2~5 年。

辅助生产区主要是为育苗工作提供必要的场所，存放生产资料和生产工具的库房等。办公区主要用于苗圃管理人员工作、休息，用于种子催芽、插条处理、接穗保存等。房舍包括办公室、宿舍、农具室、种子贮藏室、化肥农药室、包装工棚、苗木贮藏冷库或窖、车库、厩舍等。应选位置适中、交通方便的地点建筑，以尽量不占好地为宜。

苗圃道路结合划区要求设置，分主路和辅路，较大规模的苗圃还可以规划周边道路。主路与外界相连，是苗圃的主要通道。辅路与主路相同，把主路与各生产区域连接起来，周边道路可以方便生产，使苗圃内所有区域都能有道路相通。主路要宽些，一般大型苗圃主路宽度约6 m，辅路可窄一些，一般路宽3 m即可。

三、苗圃地档案管理

苗圃为了积累资料，统筹生产，掌握进度，必须建立档案制度。档案内容包括：①苗圃地基础档案。苗圃地原始地貌特点，以及改造建成后的平面图、高程图和附属设施图等，并按比例制留档案。②土壤类型档案。各区的土壤肥力原始水平及土壤改良措施和各区土壤肥水变化等均应建立档案。③各区品种档案和栽植图。在每次育苗后画出栽植图，按品种标明面积、数量，嫁接或扦插的品种区、行号和株号，以利出苗时查核。④苗木销售档案。每次销售苗木的种类、数量和去向都应记入档案，以了解各种苗木销售的市场需求、栽植后情况和品种流向分布，指导生产。⑤苗圃土地轮作档案。轮作计划和实际执行情况以及轮作后的种苗生长情况都要归入档案，方便今后调整安排轮作计划。⑥繁殖管理档案。苗木繁殖方法、时期、成活率和主要管理措施均需记入档案，以利改进方法。同时记入主要病虫害及防治方法，以利制订周年管理历。

――――――― 主要参考文献 ―――――――

陈建新，2001. 浅谈对林木种子工作的意见 [J]. 内蒙古林业 (5)：26.

韩宁，李军平，赵涛，2021. 渭北长武苹果矮化密植建园技术 [J]. 北方果树 (4)：27-29.

郝婕，李学营，鄂新民，等，2021. 苹果矮砧密植建园及砧穗组合搭配 [J]. 河北果树 (3)：27-28，30.

黄龙新，梁建军，2013. 苹果采穗圃改良繁育技术研究 [J]. 河北果树 (1)：40-41.

李军，2006. 临海市阔叶树采种基地营建与管理技术探析 [J]. 浙江林业科技 (4)：46-49+68.

李亚芸，苏瑞芳，陈小飞，2012. 苹果无病毒苗木繁育技术规程 [J]. 山西果树 (3)：42-44.

刘新江，张丽侠，2017. 提高苹果矮化砧采穗圃接穗数量质量的措施 [J]. 西北园艺 (果树) (10)：8.

彭兵，李金平，2006. 黄桑自然保护区天然阔叶林采种基地建设与经营措施 [J]. 林业调查规划 (3)：52-54.

任立学，2014. 采穗圃的建立与经营管理技术 [J]. 防护林科技 (11)：102-103.

王建义，2017. 山西核桃楸母树林营建技术 [J]. 防护林科技 (10)：119-120.

王林军，杨宗波，徐晓光，等. 苹果无病毒采穗圃建设管理技术规范 [S]. DB 3710/T 088-2020.

郗荣庭，2000. 果树栽培学总论 [M]. 3 版. 北京：中国农业出版社.

谢宏伟，梁录瑞，2022. 苹果产业高质量发展路径的探索 [J]. 北方果树 (2)：55-58.

佚名，2009. 新疆苹果采穗圃建设技术规程 [J]. 新疆林业 (4)：30-32.

邢丽敏，槐心体，张新忠，等，2013. 苹果实生砧木资源重要性状的遗传多样性分析 [J]. 果树学报，30 (4)：516-525.

徐秀琴，2006. 林木良种基地营建技术 [J]. 河北林业科技 (S1)：73-75.

袁珍珍，刘祥中，郑世平，1982. 苹果实生矮化砧——河南海棠 (*Malus honanensis*) 试验初报 [J]. 山西果树 (2)：2-4.

佚名，1977. 怎样建立矮化砧苹果母本园 (一) [J]. 新农业 (20)：16-17.

佚名，1977. 怎样建立矮化砧苹果母本园 (二) [J]. 新农业 (21)：21.

张洁，李有兵，杨亚丽，等，2019. 矮化自根砧苹果大苗繁育技术 [J]. 西北园艺 (综合) (4)：32-33.

周圣凯，2016. 果树苗圃地的建立与自根苗培育技术 [J]. 现代农村科技 (22)：30.

第三章
基砧苗的繁育

基砧苗包括实生（砧木）苗和无性系砧木苗。实生苗是指由种子播种培育而成的苗木，其优点是种子来源多、繁殖简单、便于大量繁殖、根系发达、对环境的适应能力强，主要用作基砧嫁接中间砧或直接嫁接苹果品种繁育苹果苗木。无性系砧木又称营养系砧木，指利用砧木的营养器官，如枝、根、茎等通过压条、扦插、组织培养等方法诱导生根培养成的砧木，因具有自身根系，又称作自根砧。另外，苹果属植物中还有一些具有无融合生殖能力的种或类型，如湖北海棠、小金海棠等，他们形成种子不需要外源花粉的杂交受精，虽然繁殖后代的过程由种子完成，但其是通过种子进行的无性繁殖，用其种子繁育的实生苗做基砧，也是无性系砧木苗。本章所介绍的无性系砧木苗繁育主要是矮化自根砧苗的繁育。

第一节　实生苗的繁育

一、基砧的选择

我国地域辽阔，各地土壤气候条件差别较大，要求适宜砧木的范围较广。另外，我国作为苹果属植物的起源中心，能用作苹果砧木的种类和类型较多，生产中常用的有山定子、扁棱海棠（八棱海棠）、楸子、新疆野苹果、湖北海棠等。

山定子抗寒性极强，根系发达，耐瘠薄，较抗旱，不耐盐碱，其中分布于山西东南部的山定子有矮化类型。山定子在我国东北和华北各地应用较多，甘肃少部分寒冷地区也有应用。

扁棱海棠根深，抗旱，耐盐碱，耐瘠薄，但不耐涝，有些类型白粉病较重，有些易感染花叶和锈果病毒。在山西、陕西、河南、山东、河北、甘肃等地都有应用。

楸子又名海棠果，抗旱、抗涝、抗寒、耐盐碱，其中崂山奈子有矮化效果。在山东、陕西、甘肃等地应用较多。

新疆野苹果类型繁多，有红果子、黄果子、绿果子、白果子等类型，差异较大。苗期生长较壮，抗寒力中等，抗旱力强。在陕西、甘肃、新疆等地应用较多。

湖北海棠适应性强，抗病强，有一定的耐涝和耐盐碱能力，其中一个优良、大叶类型——平邑甜茶具有较强的无融合生殖能力。湖北海棠在四川、湖北、山东等地应用较多。

用作苹果基砧具体应考虑以下三个方面：一是要与接穗有良好的亲和力，愈合快，成活率高；二是具有较强的抗逆性和适应性，具有抗病虫害、抗寒、抗旱、抗盐碱能力，能很好地适应当地的风土气候，生长健壮；三是有利于品种接穗生长和结果，嫁接品种树生长健壮，易早果丰产，园貌整齐。各地可根据当地的气候特点和立地条件，选择适合的砧木品种和类型。

二、种子的采集和处理

（一）种子的采集

种子的质量关系到实生苗的长势和合格率，是培养优良实生苗的重要环节。用作繁殖实生苗的种子应采自实生砧木采种基地的母树林或实生苗种子园。种子必须在母树上充分成熟后再采集。依据果实颜色转变为成熟色泽，果肉变软，种皮颜色变深具光泽，种仁饱满、洁白发亮，种子含水量减少来鉴别种子的成熟情况。具体采种期应根据种子成熟的时期、果实脱落期及天气情况而定。苹果砧木种实多在9～10月采集。采种方法可采用在母树周围树冠下铺塑料布，机械振动配合手工采摘。种实采回后应将果实进行堆放促进果实软化，然后揉搓、漂洗取出种子，经阴干后收集种子，堆放过程中经常翻动，控制温度不超过40℃。晾晒阴干的种子需进行精选分级，清除杂质和瘪种等劣质种子，要求种子颗粒饱满、有光泽、胚和子叶呈乳白色，纯度达95%以上，发芽率＞85%。

（二）种子的贮藏

经过精选分级后的种子要妥善贮藏。贮藏中影响种子生理活动的主要条件是种子的含水量、温度、湿度和通气状况。苹果砧木种子的安全含水量和充分风干的含水量大致相等，为 $13\%\sim16\%$。贮藏环境空气湿度大时，会使已干燥的种子含水量增加，酶的活性增强，呼吸旺盛，消耗物质增多并放出大量热能和二氧化碳而引起霉烂。温度高可使种子呼吸加强，消耗大量贮藏物质而降低生活力。因此，贮藏期间的空气相对湿度宜保持在 $50\%\sim70\%$，温度 $0\sim5\,℃$ 为宜。大量贮藏种子时，应注意种子堆内的通气状况，通气不良时会加剧种子的无氧呼吸，积累大量的二氧化碳，使种子中毒。特别是在温度、湿度较高的情况下更要注意通气和防治虫鼠危害。

（三）种子的层积处理

落叶果树种子在适宜的外界条件下，完成种胚的后熟过程和解除休眠促进萌发的措施即为种子的层积处理。因处理时常以河沙为基质与种子分层放置，故又称沙藏处理。层积处理多在秋、冬季节进行。多数落叶果树需要在 $2\sim7\,℃$ 的低温、基质湿润和氧气充足的条件下，经过一定时间完成其后熟阶段。研究表明，苹果砧木种子层积的关键技术是控制层积条件：沙子的湿度以手握成团、松手散开为宜，贮藏环境的温度以 $0\sim5\,℃$ 为宜，空气的相对湿度以 $60\%\sim70\%$ 较好，还要有一定的通气条件。

1. 层积时间

层积处理的时间，可根据种子需要的层积天数和当地的春播时间向前推算。一般将当地春播时间向前推 2 个月左右即为种子层积适期。大多在当年 12 月下旬至第二年 1 月上旬层积为宜。

2. 挖层积沟（坑）

种子层积处理应选择在地势高燥、排水条件好、阴凉通风处进行。在土壤封冻前挖层积沟或坑，沟的深度为 $50\sim90\ cm$，长、宽根据种子的数量来决定。挖成长方体的坑或东西走向的沟。沟（坑）底和沟（坑）壁要铲成平直光滑状。

3. 种子消毒处理

将种子簸筛去杂后，浸入 0.01% 的高锰酸钾温水（水温 $35\sim40\,℃$）溶液中充分搅拌，经 $20\sim30\ min$ 消毒后，捞入筛中控去水分，待藏。

4. 层积方法

将干净河沙用筛目 $2\ mm\times2\ mm$ 的筛子过筛后洒水翻搅均匀，再按 1 份种子，$4\sim5$ 份沙子的比例（体积比）混合翻搅 $3\sim4$ 遍，沙子的湿度以手握成团、松手散开为宜。

竖放蛇皮袋法。沟的深度在80～90 cm为宜。取若干个蛇皮袋（旧化肥袋），每袋底部先装入约5 cm厚的纯沙，再把种沙混合物装袋至3/4处，再装入5 cm厚的纯沙，扎紧袋口。然后将种沙袋间隔20～30 cm分别竖立放置于预先挖好的沙藏坑中。注意放置种沙袋前应在层积坑底预先平铺1层间距10 cm左右的砖块，将种沙袋置于砖块上。最后用木板横向盖坑，其上覆盖1层农膜，膜上再盖15～20 cm厚的较湿黄土，坑两边每隔3 m左右留1个直径10 cm左右的通气孔，保持坑内有一定的通气性。

直接沙藏法。沟的深度不超过50 cm为宜。先在沟底铺一层5～6 cm厚的洁净湿沙（沙的湿度同种沙混合物），再将拌好的种沙混合物平铺在沟内至稍低于地面处，最后在顶部稍加镇压，再盖上一层厚度5～6 cm的湿沙，最上面覆盖15 cm的细土，然后上面喷洒少量水使其冻结或覆盖草帘。也可把调配好的种沙装入蛇皮袋内，不能过满，大约装到蛇皮袋的1/3处为宜，系紧袋口。把蛇皮袋平放在沙藏坑内，依次排列，待种子全部放入坑内后覆土，覆土厚度20～30 cm，呈土丘状，以利排水。

5. 层积管理

层积期间要检测种子的干湿程度。一般8～10 d检查1次，共检查5～7次。前期由于种子和贮藏环境吸水量大，种子容易干燥。后期特别是翌年2月下旬以后，随着地温的不断升高，种子已吸水充足，且贮藏环境的相对湿度接近饱和，所以种子湿度往往过大，易引起霉烂，需增加检查次数。同时还应注意防止雪水融化渗入层积沟内，引起种子发霉腐烂造成损失，同时也要防治鼠害。

若发现沙子较干燥，握在手中已无潮湿感，应将种沙袋提出坑外，倒在预先铺好的篷布上推平，用喷壶适量洒水，将种沙反复翻搅均匀，装袋入坑继续沙藏；反之，若沙子湿度过大，出现少量结块和霉烂种子，应将种沙混合物倒在塑料篷布上摊平晾晒1～2 h后翻搅均匀，至沙子湿度合适时，入坑继续沙藏，并往坑内撒1层干土，同时增大透气孔。

沙藏后期要时刻注意种子的萌发情况，如离播期远，种子已萌动，需立即放入冷凉处存放，如冷库、土窑洞等。如接近播期，种子还未萌动，可白天揭土，晚上盖帘，以提高沙堆温度；或者连同沙子取出，加大湿度后，放在向阳处催芽。种子接近发芽时，贮藏坑内的沙子湿度不宜过大，宁干勿湿，以防种子霉烂。当种子露白率达到5%左右时即可入田播种。

(四) 种子生活力鉴定

为了判断种子的发芽力和发芽数量为播种量提供依据，需要进行种子活力鉴定。常用方法有目测法、染色法和发芽试验法。

1. 目测法

目测法是用肉眼观察种子的外部形态，包括切开种子观察其胚及子叶状况。凡种粒饱满，种皮有光泽，种粒重而有弹性，胚及子叶呈乳白色的，为有生活力的种子。

2. 染色法

染色法是根据子叶和胚的染色情况，判断种子活力。具有生活力的种子细胞具有半透性膜，可阻止某些染料分子通过；而死细胞的细胞膜则失去了半透性，染料分子可全部进入，细胞质被染色。

常用的染色剂是靛蓝胭脂红。在一定染色时间内有生活力的种子不着色，无生活力的死细胞很快着色。染色前，先将种子浸于水中 24 h，然后剥去种皮，在室温下用 0.1%～0.2% 靛蓝胭脂红或 5% 的红蓝墨水溶液浸染 3 h 左右，取出后用清水洗净，若胚和子叶均不着色则为具有生活力的种子，部分着色的为生活力低的种子，全部着色表示种子已无发芽力，为无生活力的种子。

3. 发芽试验法

发芽试验法是随机取经过后熟的种子 300～400 粒，按每组 100 粒分成 3～4 组，均匀放在衬垫滤纸、纱布或脱脂棉的二重皿或小盘中，注入适量清水，使衬垫物湿透，上盖玻璃保持湿润，如发现水分不足，及时补水。置于 20～25℃条件下促其发芽，每天观察种子发芽情况，白芽（胚根）长度超过种子长就是发芽良好的种子，将其取出，作好记录，至种子不再继续发芽为止。计算发芽率，判断种子生活力。种子的生活力可用发芽势和发芽率来表示。发芽势可表示种子发芽能力和速度的强弱，数值大表示活力强。发芽率表示种子的发芽能力，结合发芽势，可进一步说明种子活力情况。

计算公式为：发芽势 = 规定天数内种子发芽粒数/供试种子总粒数 × 100%；发芽率 = 发芽种子粒数/供试种子粒数 × 100%。

准确地掌握种子的发芽率，才能精确决定播种量，制定好生产计划。在大面积播种时，最好进行 2 次种子鉴定，层积前用染色法鉴定 1

次，层积后春播前再用发芽试验法鉴定1次。

三、田间直接播种繁育实生苗

(一) 整地和做畦

选好苗圃地后，要施入足量的腐熟有机肥料，然后除去杂物整平，作畦或作垄。一般于秋季进行翻耕，深度30～40 cm为宜。结合深翻每亩施入优质土粪3 000～4 000 kg、磷肥100 kg、硅钙镁钾肥等200 kg，如果有机肥源不足，可施沼液2 000～3 000 kg或有机、无机复混肥200～300 kg。为防治地下害虫还应在播种前2～3 d撒施农药或毒土进行土壤消毒，可用毒死蜱乳油500倍液＋丙环唑1 500倍液进行土壤处理，预防立枯病、根腐病和金针虫、蛴螬等；也可用波尔多液消毒［生石灰、硫酸铜、水（1∶1∶100）］＋赛力散10 kg喷洒土壤，能有效地防治黑斑病、斑点病、锈病、褐斑病、炭疽病等；用50％多菌灵可湿性粉剂按1∶20比例配制成毒土均匀撒在苗床上，能有效地防治苗期病害；用3％的硫酸亚铁溶液处理土壤，可防治苗枯病、缩叶病、黄化病等。也可亩施菌虫一扫光杀虫杀菌剂4～6 kg，细致旋耕后用滚子碾压使土壤紧实。

土壤处理好后进行作畦或作垄，多雨地区或地下水位较高时，宜用高畦，以利排水。少雨干旱地区宜作平畦或低畦，以利灌溉保墒。畦的宽度以有利于苗圃作业为准，长度可根据地形和需要而定。一般畦宽2 m，其中畦垄0.5 m（两边各占0.25 m），播种行宽0.5 m，每畦播种4行，宽行育苗便于田间管理。畦长一般为15～20 m。也可依据宽行行距50～60 cm、窄行行距20～25 cm的宽窄行双行条播或行距30～40 cm单行条播来作畦或作垄。在早春干旱少雨地区，地整好后应灌一次水，可提高种子的出苗率，保证每亩的正常出苗量。

(二) 播种时期

播种可分为春播和秋播。适宜的播种时期，应根据当地气候和土壤条件及种子特性决定。冬季严寒、干旱、风沙大，鸟、鼠害严重的地区，宜行春播。春播的种子必须经过层积沙藏或其他处理，使其通过后熟解除休眠，才能播种，以保证出苗正常和整齐一致。春播在春天土壤解冻后尽早进行，一般在3月下旬至4月上旬（在种子出土前应避开当地的倒春寒危害），向阳处土壤开始化冻而背阴处还有冻土的时候即可播种。也可利用地膜覆盖、地膜拱棚、温室育苗等适当早播，有利于早出苗、早嫁接、早出圃。具体播种量可参照表3-1。

冬季较短且不甚寒冷和干旱，土质较好又无鸟、鼠危害，则可秋播。秋播时种子在土壤中通过后熟和休眠，无需进行层积处理。秋播种子翌春出苗早，生长期较长，苗木健壮，可提早嫁接。但应注意冬春期间较长和土壤容易干旱的地区，应适当增加播种深度或进行畦面覆盖保墒，保持土壤湿度。秋播从11月上旬开始，土壤封冻前结束，播后用麦草或玉米秆覆盖，保墒防冻，但要注意防鼠害。

（三）播种方法

苹果砧木种子较小，多采用条播法，即在地面或畦床内按计划行距开沟顺行均匀播种。条播出苗后密度适当，生长比较整齐，容易施肥、中耕、除草、起苗出圃等作业。也可采用点播法，多在温室穴盘育苗时采用。

播种深度因种子大小，气候条件和土壤性质而异，一般覆土深度以种子最大直径的1～5倍为宜。沙土稍厚、黏土稍薄，旱地稍厚、水地稍薄。若播种过深，土温低，氧气不足，会导致种子发芽困难，出土过程中会消耗过多养分，出苗晚，甚至不能出土。若播种过浅，种子得不到足够和稳定的水分，也会影响出苗率。通常干燥地区比湿润地区播种应深些。秋播比春、夏播应深些。播后至出苗前的最大问题是表土板结造成闷芽，为有利种子发芽出苗，尤其在干旱地区或风大而水源较少时，应采取播后覆膜保墒。具体方法为，开沟深为2～3 cm，沟底压实，开沟并适量灌水，待水下渗后均匀撒种，覆细土1～1.5 cm，耙平，覆盖地膜并压实。

播种量与种子大小和种子质量有关系，不同砧木播种量有差异。每亩播种量（kg）＝每亩计划育苗数/（每千克种子粒数×种子发芽率×种子纯度），实际生产播种量应高于计算播种量。另外，播种量还同播种方式有关，采用人工点播时用种量稍少，机器播种时用种量相对大一些。不同的播种机器用种量也略有不同，可以先小型试验后确定。表3-1列出了几个主要苹果砧木种子适宜层积时间及播种量供参考。

表3-1　主要苹果砧木种子适宜层积时间及播种量

砧木种类	适宜层积时间（d）	直播育苗亩播种量（kg）
八棱海棠	60～80	1.5～2.0
山定子	30～50	1.5～2.0

（续）

砧木种类	适宜层积时间（d）	直播育苗亩播种量（kg）
河南海棠	60	1.5～2.0
楸子	60～80	1.5～2.0
湖北海棠	30～50	1.0～1.5
新疆野苹果	60～65	1.5～2.5

（四）苗期管理

1. 幼苗管理

播种后出苗前一般不浇水，以免降低地温，影响种子萌发，并造成地面板结，妨碍幼苗出土。待出苗率达到30％时除去地膜；幼苗长出2～3片真叶时进行间苗，去劣存优，去过密幼苗；在第1次间苗20 d后进行二次间苗、定苗，保持株距10～15 cm。第2次间出的小苗可进行移栽补苗。间苗、移栽后应立即灌水。当砧木高达30 cm左右时摘除尖端的幼嫩部分3～5 cm（掐尖），抑制生长，减少养分消耗，促进苗木加粗生长，同时抹除苗干基部距地面5 cm以下的萌芽，使嫁接部位形成一个光滑面，便于嫁接。

2. 断根处理

苗木的强弱在一定程度上与砧木苗侧根数的多少相关，侧根数量越大，苗木越强壮。为增加苗木的侧根数，可在定苗后结合第1次追肥对幼苗进行断根处理。具体方法为在第1次追肥前用铁锹将幼苗主根留15 cm切断，促其分生侧根。断根后再进行第1次追肥浇水。也可在播种前对砧木种子采取催芽晒根法处理，增温催芽后播种，促进幼苗多发侧根，具体方法为，当砧木种子芽根长到2 cm左右时晾晒，造成根部嫩尖部位死亡，促进侧根萌发，然后挑选根长一致的种子播种。前期未进行断根处理的可在落叶前后进行断根处理，用断根机断根深度25 cm左右；人工断根可用长方形铁锹在苗木行间一侧距苗木基部20 cm左右开沟，沟深10～15 cm，在沟中间用断根铲呈45°角向苗根斜蹬深20～25 cm，将主根切断，然后将沟填平踏实，浇水。

3. 土肥水管理

在幼苗生长过程中，应保持土壤疏松、湿润、无杂草，根据苗情及时灌水、打杈。幼苗 2～3 片真叶前，忌大水漫灌；土壤干旱时，可喷水补墒。7 月底前叶面喷施 0.3％尿素溶液 2～3 次。苗木生长旺盛期，每亩追施尿素 5 kg，施肥后及时浇水。浇水后和雨后及时中耕除草，耕除深度随苗木的生长逐步加深。生长后期控氮、控水，增施磷、钾肥，提高苗木木质化程度，入冬前应浇一次封冻水，防止苗木越冬抽干、受冻。

4. 病虫害防治

重点防治立枯病、白粉病、早期落叶病等病害和蚜虫、红蜘蛛、卷叶蛾等虫害。

（1）立枯病。可在根颈部喷施或根部浇灌 80％多菌灵可湿性粉剂 800～1 000 倍液或 0.2％～0.3％硫酸亚铁溶液进行防治。

（2）白粉病。萌芽前喷施 3～5 波美度的石硫合剂；发病初期，可连喷 2～3 次 15％粉锈宁可湿性粉剂 3 000～5 000 倍液、15％三唑酮可湿性粉剂 1 000～1 500 倍液或 12％烯唑醇可湿性粉剂 2 000～2 500 倍液等进行防治。

（3）早期落叶病。发病前，喷施 80％普诺 M－45 可湿性粉剂；发病初期可采用 80％代森锰锌可湿性粉剂 800 倍液、3％多抗霉素可湿性粉剂 400 倍液或 70％代森联水分散粒剂 600～700 倍液等药剂交替使用进行防治，于 5 月上旬、6 月上旬、7 月上中旬各喷 1 次。

（4）蚜虫。可用 10％吡虫啉可湿性粉剂 2 000～3 000 倍液或 3％啶虫脒乳油 2 000 倍液等药剂进行喷雾防治。

（5）红蜘蛛。发生量不大时，可喷清水或 0.1～0.2 波美度的石硫合剂冲洗；当百叶虫量达到 500 头以上时，可选用 15％哒螨灵乳油 1 500～2 000 倍液、25％三唑锡可湿性粉剂 1 000 倍液、5％噻螨酮乳油 2 000 倍液、73％克螨特（炔螨特）乳油 2 500 倍液、10％四螨嗪可湿性粉剂 1 000 倍液交替轮换喷雾防治，喷药间隔 7～10 d，连防 2～3 次。

（6）卷叶蛾。卷叶蛾可在关键期用 48％毒死蜱乳油 1 500～2 000 倍液等药剂进行防治，防治关键期的确定可参照苹果结果树的物候期，花序分离前、花后和夏至前后是防治卷叶蛾的 3 个关键时期。

四、育苗移栽法繁育实生苗

育苗移栽法培育实生苗多选用保护地繁育实生幼苗，然后移入田间。实生苗生长期较大田直播育苗方式延长至少 1 个月，实现当年播种当年嫁接。培育苹果砧木实生苗对保护地的要求不严格，一般日光温室、拱棚、简易拱棚等即可满足育苗的温湿度条件，但需要配备遮阳网，以备棚内温度超过 30 ℃时即进行遮阴降温处理。棚膜、遮阳网等架设好之后依据育苗规模和大棚的实际情况规划苗床位置，然后平整拍实，最好铺设地布。然后铺设喷灌装置并调试正常。一般上述工作要在每年 3 月上旬之前完成，3 月中旬就可播种。没条件安装喷灌设施的需人工喷水。

（一）棚内基质穴盘点种育苗

1. 配制育苗基质

用草炭、蛭石、珍珠岩等配制成育苗基质，装入穴盘。注意若使用旧穴盘，要提前将穴盘用多菌灵 600 倍液浸泡 10～15 min。育苗基质配制方法：提前将草炭、蛭石用多菌灵 600～800 倍液湿润至手握成团不滴水，珍珠岩则用多菌灵 600～800 倍液浸泡，草炭、蛭石、珍珠岩按体积比（1～2）∶（2～3）∶2 混配搅拌均匀装盘，要求基质松紧适度，太松太紧都不利于种子萌发生长。可使用压穴器压穴，没有压穴器时将装好基质的穴盘上下蹾 4～5 次，并注意随时补加基质。装好的穴盘依次摆放到苗床，并用地膜覆盖防止播种时间太长基质变干。

2. 播种

苗床准备好后即可将萌发的种子胚根向下用镊子播入穴盘，注意点播种子最好集中人力在尽量短的时间内完成，一般 3～5 d，最多不超过 10 d，保证苗木出土时间尽可能一致且长势整齐，同时尽量延长幼苗生长时间。播后均匀喷洒多菌灵 600～800 倍液杀菌并使种子与基质密接，以后每天喷水一次直到幼苗出土。正常情况下一周左右幼苗即可出土，幼苗出土后视天气状况和基质含水量确定喷灌设备的开启次数与时间，阴天少喷或者不喷，晴天温度高、基质失水快则要喷 2～3 次，并适当延长喷水时间，以确保基质均匀喷透。每隔 7～10 d 喷一次 800 倍液多菌灵预防立枯病，若发现立枯病要立即清除并小范围喷药防治。

3. 炼苗

在晋中太谷地区，4 月中旬以后就可移入大田。此时，幼苗经过 30 d 左右的生长，高度可达 8 cm 左右，真叶有 4～6 片，便可开展移栽前的炼苗工作：首先把穴盘挪动一次，以切断从穴盘透水孔长出穴盘外的幼苗主根，促生分根；而后逐步打开大棚的保护设施，逐渐增加通风时间和通风量，直至完全去除保护设施，与露地环境条件一致。大约需要 1 周的时间。炼苗期间可以平整苗圃地，清除前茬作物残留物，集中烧毁，并施足底肥，然后旋耕、平整、做畦、灌水，等畦面稍干且能进行操作时覆盖黑色地膜等待栽苗。具体方法参照本章第一节中"整地和做畦"。

4. 移栽

炼苗完成后即可开始移栽。移栽时用专用打孔器按株行距（12～15）cm×（50～60）cm 打深度 8 cm 左右的孔，打出来的土坨依次摆放，以备栽苗使用。移栽时最好多人协同，穿插作业，依次完成分发穴盘、打孔、栽苗覆土、穴盘回收及灌水等多项工作。灌水可在当天移栽苗完成后统一进行。移栽时小心操作，不弄散砧苗根坨。穴盘苗栽入大田后要经过 10 d 左右的缓苗期，缓苗期主要任务是检查有无缺苗并及时补苗，同时注意用土镇压被风吹起的地膜。缓苗期结束，幼苗开始生长，田间杂草也开始生长，整个苗期要不断拔除苗孔周围的杂草，一般规律是灌一次水后或雨后都要清理一次杂草。每次灌水结合进行追肥（每次亩施尿素 5 kg），促进幼苗迅速生长，提高能够嫁接的砧苗比例。

（二）购买现成的育苗块和配套育苗盘点种育苗

育苗块需要提前浸泡。提前准备浸泡育苗块的浅盆或其他大一点的容器，预先放水，当水温接近棚内温度（23 ℃左右）时即可浸泡育苗块。一般 3～5 min 育苗块即可浸泡变软膨大至适当大小。浸泡育苗块时需注意，水温 23 ℃左右时育苗块能快速吸水膨胀至所需大小，如果水温较低，需延长浸泡时间，但浸泡时间过长，育苗块会过软变形，丧失保水保湿性。迅速捞出浸泡好的育苗快，摆放至育苗盘中，随即将种子胚根端向下放入育苗块中间的孔洞，满一盘即将整盘育苗块上层撒入一层自制混合土壤（蛭石加营养土）。种子全部播完后均匀喷水。一般播种 10 d 左右种子陆续萌芽出土，大约 20 d 出齐。注意整个萌芽期需要每天洒水保湿（水要用温室内提前存放的水，冷水直喷易造成新萌的幼苗罹患立枯病）。期间视情况喷 1～2 次多菌灵 800 倍液。当穴盘中的小苗长至 3～5 片真叶、高度 10 cm 以上时，将其连同育苗块一起倒入稍大的装满营养土的营养钵中，整齐紧致地摆于找平的长畦中，顺畦小水漫灌保持营养钵基质湿润，视情况一般 2～3 d 浇一水即可。整个生长期间注意及时拔除营养钵中的杂草。待 4 月中旬后田间气温适宜时移入大田。此时大部分实生苗长至 30 cm 以上。移栽前一周开始逐渐通风炼苗，直至与大田温度相当，尔后将营养钵全部移至大田阴凉处 3～5 d，即可开小沟按规划株行距转栽至大田土壤中。移栽后立即灌水。

（三）棚内直播育苗

一般做宽 1.5 m 左右的育苗畦，长度根据棚宽而定。播种前全畦放水漫灌，待水完全渗透后把种子均匀撒入畦内，覆盖 2 cm 左右细沙土，然后在畦内覆盖好地膜。约 10 d 种子便可陆续出土顶膜，约 30%的种子出土时可撤膜，撤膜后应注意随时喷小水使苗畦土壤保持湿润以利出苗。幼苗长到 2～3 片真叶时，按株距 3 cm 左右间苗。幼苗长到 5～7 片真叶时即可炼苗移栽。移栽前 2～3 d，灌足水，带土移栽，按株距 12～15 cm、行距 50～60 cm 移栽于大田苗圃地中。移栽后立即灌水。

育苗移栽法繁育的实生苗移入田间后的管理同田间直播培育实生苗的田间管理，只是省去了断根环节。

第二节　矮化自根砧苗的繁育

自根苗是用优良母株的枝、根、芽等营养器官生根繁殖而来的。用作砧木的自根苗称为自根砧苗。由于自根苗保持了母体的遗传特性而变异较少，生长一致，进入结果期较早，常用于因实生变异大，不能保持后代一致性的砧木树种，也可用于种子甚少且发芽率较低的树种。自根繁殖方法主要是利用果树营养器官的再生能力，发生新根或新芽而长成一个独立的植株。将苹果矮化砧木通过自根繁育的方法繁育成的苗木称为苹果矮化自根砧苗。

苹果矮化自根砧苗常采用扦插、压条或组织培养法进行繁殖。

一、扦插繁殖

扦插繁殖是切取植物的部分营养器官，如根、茎、叶等，将其插入基质中，利用其营养器官的再生能力，在一定条件下使其发生新根或新芽从而长成完整植株的繁育方法。该方法具有育苗周期短、成苗迅速、取材方便、方法简单、繁育系数大、成本低等优点，为我国当前苹果矮化自根砧苗木繁育的主要方法之一。目前我国苹果矮化砧木扦插繁殖常用的方法有硬枝扦插、绿枝扦插和根插三种方法，每种方法对管理要求都很精细，不同方法需要的温湿度不同，对插条的处理和适宜的基质也不尽相同，同一方法不同品种间差异也很大，所以需要针对性地加强管理才能获得成苗。

（一）影响扦插成活的因素

影响扦插成活的因素主要有基因型、插条的生理与发育状况、枝条的营养物质、扦插的环境（光、温、气、湿等）条件、激素处理、扦插时期等，其中基因型是最重要的因素。

1. 矮化砧木的基因型

扦插材料的基因型不同，导致其遗传特性存在差异，不同品种材料在形态结构、生长发育规律及对外界环境条件的适应能力等方面都存在明显差别，扦插繁殖时表现生根的难易也就不同，有的品种扦插时较易生根，有的较为困难，甚至难以生根。据韩静（2015）报道，嫩枝生根能力 MM106（74%）明显强于 M26（32%），以 M9 优系（T337）生根能力最差（8%）；各砧木发根部位也不同，MM106 除剪口抽根，多在芽眼处有根，且根系较多，而 M26、M9 优系（T337）仅为剪口发根，而且根系明显少，尤其是 M9 优系（T337），多数为 1~2 条根，根系既少又粗，无须根。韩振海等（2011）认为，MM106、MM111、M9 扦插较易生根，M3、M4、M11 扦插较难生根。张秀美等（2009）对 SH40、77-34、辽砧 2 号、扎矮 76 进行绿枝扦插的研究表明，苹果砧木品种不同，半木质化绿枝扦插效果明显不同，辽砧 2 号生根最为容易，表现为愈伤组织形成时间短，生根率高（50%）；SH40 最差，生根率仅 20.5%；扎矮 76、77-34 介于两者之间。肖祖飞（2013）认为苹果砧木绿枝扦插生根率在品种间存在极显著差异，多数砧木不易生根，参试砧木由高到低依次为小金海棠（94%）、B9（62.17%）、P22（52.17%）、MM106（36.67%）、LG80（32.5%），生根能力最差的是 GM256、M7、M26，试验中均未能生根。王甲威等（2012）利用半日光间歇弥雾果树育苗系统进行苹果矮化砧木的硬枝扦插试验，结果表明，参试砧木中 JM7 最易生根，生根率为 61.5%，其余依次为 M7（32.5%）、M26（21.5%），M9 最难生根，生根率仅 5.5%。规模生产时应选择扦插繁殖易生根的砧木。

2. 插条的生理发育状况

一般年幼、组织发育充实的枝条，营养丰富，激素较多，细胞分生能力强，易于生根。通常幼龄母株采集的枝条相对于年龄较大母株的枝条更容易生根，1 年生枝条相对于 2 年生枝条生根率更高。通过对母树重剪等措施可刺激生长幼龄枝条，从而提高扦插生根率；通过对枝条基部黄化处理进行幼化也能够显著提高其扦插生根率。如肖祖飞（2013）研究表明，童期的小金海棠插穗生根能力（94.00%）显著高于成年期（15.01%）；采取组培措施返童的田间苗插穗的生根能力显著提高，中砧 1 号童期时顶端嫩梢的生根能力显著高于成龄期树顶端嫩梢，显著高于童期时顶端封顶梢和茎段。

3. 环境条件

影响苹果扦插繁殖的环境因子主要包括温度、湿度、光照、土壤通气状况和扦插基质等，影响着插条的生根速度和生根率，任何一个条件不适应都会成为扦插生根的限制因子。

适宜的温度是插条发根的必要条件。气温可满足芽的活动和叶片的光合作用，地温则影响生根速度，一般昼温 21～27 ℃、夜温 15 ℃左右是大多数果树扦插的适宜温度，以土温略高于气温有利于扦插生根。硬枝扦插时，过高的气温会使插条上部芽先萌发生长，消耗掉养分从而不利于生根；嫩枝扦插时较高的气温会使叶部蒸腾加速，往往引起插穗失水枯萎。所以，在插穗生根期间，应通过覆盖塑料大棚、铺设电热温床等措施，提高地温，创造地温略高于气温的环境促进生根。

土壤湿度和空气湿度都会影响扦插生根。插条从母体分离后水分供应失衡，如果枝条和叶片失去水分，可使插条在发根前死亡。扦插时应使插床处于湿润状态，一般土壤水分保持在田间持水量的 60%～80%（水分过多会使插条未生根先腐烂），以保证插条吸水。同时应保持适宜的空气湿度，特别是对嫩枝扦插而言，空气湿度的大小是决定能否扦插成功的关键。生产上，一般采用人工弥雾设施来促进苹果嫩枝扦插的生根效率。如李海伟等（2010）在进行苹果矮砧 B9 嫩枝扦插试验时，扦插初期空气相对湿度为 80%～90%，待新根长出后逐渐降至 50%～70%，取得了很好的效果。

光照可促进芽的发育，同时对根的发育有抑制作用。遮阴的条件下可刺激插条先生根，后抽梢发叶，有利于扦插苗的成活和生长。因此，硬枝扦插时可适当遮阴，促进生根，避免芽过早萌发引起水分养分失衡不利于生根。嫩枝扦插则应考虑适当的光照有利于枝叶光合作用的进行，制造养分，促进生根，所以嫩枝扦插常采用全光照间歇弥雾法，一方面保证嫩枝上下水分平衡，另一方面给予光照促进光合作用，有利于生根。但光照过强会增加水分蒸发量，导致插穗水分失去平衡。苹果矮砧嫩枝扦插常在扦插前期适当遮阴，生根后逐步去除遮阴，并增加光强，全自动喷雾，将光温湿控制在最有利于插条生根的范围内。

扦插基质对插穗生根有较大影响，理想的扦插基质应具备良好的排水能力和通气性，能够协调水分、空气、湿度之间的关系，且无病菌感染。苹果矮化砧常用的基质有蛭石、河沙、珍珠岩、草炭土、椰糠、苔藓、稻壳等，不同砧木品种适宜的扦插基质有异。

在进行扦插繁殖时，各影响因子不是单独作用的，而是相互影响，共同作用。扦插基质的通气性至关重要，基质中的氧气浓度达 21% 时生根良好，5%、10% 时发根不良，低于 2% 则完全不发根。强光下温度过高时易使蒸腾作用加强，引起叶片萎蔫，过分遮阴则会引起叶片黄化脱落，均不利于生根。只有光、温、湿、气各因子相互协调，才能保证扦插生根的顺利进行。

4. 扦插时期

扦插时期对不定根的形成影响较大。果树有自己的生长周期，枝条发育也有其时节性。采穗时间不同，其插条发育状况也不同，内源激素含量、营养物质含量、枝条木质化程度等均有差别，必然影响插条的生根能力。再考虑到不同扦插时期光、温、湿等环境条件的变化，插条的生根能力则明显不同。肖祖飞等（2013）研究了 5～7 月每月取材扦插对中砧 1 号和小金海棠嫩枝扦插的影响，均以 5 月扦插生根效果显著高于 6 月和 7 月，认为是高温季节枝条木质化进程加快，木质化程度高的缘故。张秀美等（2009）在 4～9 月每月剪取辽砧 2 号半木质化绿枝进行扦插，结果表明，以 4 月底取材扦插生根率最高，5～7 月生根率依次降低，8、9 月又依次提高，认为是春季气温和空气温度较易控制，插条木质化程度低，叶功能强，愈伤组织形成快，发根早；5～7 月随气温上升，插条呼吸蒸腾作用加强，加之床面温度高，插条易感染病菌死亡；8、9 月气温逐渐降低，床面温湿度易控制，扦插成活率随之提高。王甲威等（2011）在 9 月用小金海棠嫩枝进行扦插试验，取得了 60％的生根率，且扦插苗根系发育良好。不同砧木品种适宜的扦插时期各不相同，总体上以温湿度易控制，枝条发育充实，积累足够养分时较好。

5. 激素处理

植物体内不同种类的激素如生长素、细胞分裂素、赤霉素等均对根的分化有影响，其中生长素对植物茎的生长、根的形成和形成层细胞的分裂都有促进作用，插条中生长素活性的高低是控制生根的重要因素。IBA、IAA、NAA 都有促进不定根形成的作用，生产上用其处理难生根的品种插条可以促进生根。贾稀等（1984）报道，用不同浓度的 IBA、IAA、NAA 处理山定子插条，生根率 55％～95％，明显高于清水对照的 25％，且株均根条数也明显高于对照，生长素对生根有重要的促进作用。史莉等（2012）也认为，与清水对照相比，生根剂处理对山定子嫩枝扦插成活率有显著促进作用。韩静（2015）用浓度为 3 500 mg/L 的 IBA 溶液浸蘸 MM106 嫩枝插条 10 s，生根率达 74％，明显高于清水浸蘸（14％）。李海伟等（2010）将 B9 嫩枝插条基部在 500、1 000、1 500 mg/L 的 IBA 中处理 30 s 后扦插生根率分别达 86.2％、87.4％、87.9％，明显高于清水对照。张秀美等（2009）认为，生长调节剂处理的辽砧 2 号，扦插效果显著高于清水对照，表现为插条愈伤期短，生根率高，生根条数多，以 IBA 1 000 mg/L＋NAA 100 mg/L 浸蘸插穗基部 30 s 生根效果最好，显著优于 NAA 100 mg/L 浸泡 4 h 处理。植物生长调节剂的应用效果与其种类、使用浓度、处理方法、处理时间及插条生理状况等有很大关系，具体需试验确定。

（二）扦插繁育方法

1. 绿枝扦插技术

（1）扦插时期

绿枝扦插在生长季节当年新梢达半木质化时就可进行，一般 4～8 月均可。

（2）苗床准备

绿枝扦插需要将苗床设置在能够调控光温湿的设施内。苗床基质可用蛭石、河沙、珍珠岩、草炭土、椰糠等一种或两种以上按一定比例混配并搅拌均匀，基质配制需提前用多菌灵 800 倍液进行杀菌处理，配制好后可直接放置在苗床，也可装入穴盘放入苗床。

（3）插穗制备

于生长季节，从砧木母本园选取生长健壮，生长势基本一致的植株作为采穗株，剪取树冠外围中上部新梢，将其基部浸入干净水中，运回预备间。随即将其剪成具有 4～5 个芽、长 10～15 cm 的枝段做插穗，要求下部切口斜剪，上部平剪，每个插穗留上部两个叶片，每个叶片保留约 1/2 或整叶。

（4）扦插方法及插后管理

插穗制备好后立即浸蘸生根剂（IBA、NAA、ABT 生根粉或根太阳等），然后插入苗床。要求插深 2～3 cm，行距 5～10 cm，株距 3 cm（或每穴孔插 1 个穗条），插好后立即喷多菌灵 800 倍液，并在上面用无滴膜搭设小拱棚。以后每 7 d 喷 1 次多菌灵 800 倍液，视天气情况小拱棚内每日喷水雾 3～4 次，使棚内湿度保持在 85% 以上，叶片表面有一层水膜。小拱棚的温度控制在 17～30 ℃。整个苗期视天气和苗情遮阴或增加光照。插穗生根后结合喷水每周喷 1 次 0.3% 磷酸二氢钾和尿素营养液（1:1）促苗生长。

插后 30 d 左右插穗有不定根产生后，可开始棚内炼苗，将塑料膜逐渐揭开通风换气，并减少喷水次数，适当降低湿度。同时，增强光照，锻炼扦插苗叶片的光合能力，插穗叶片从浅绿逐渐变深绿，即达到了拱棚内炼苗的效果。棚内炼苗 1 周后，视苗况将育苗盘转移到棚外进行户外炼苗。户外炼苗前期应遮挡强光照以免灼伤幼苗，可搭建 70% 遮光率的遮阳网，同时地面应铺地布防根扎入土中。大约 2 周后扦插苗便可完全适应外部环境，此时便可进行大田移栽（图 3-1）。

（5）扦插案例

不同砧木品种适宜的繁殖条件不同，扦插效果有别。

①Y-1 嫩梢扦插。采用经组培幼化移入田间的 Y-1 苹果矮化砧木苗做采穗母株，每年春季萌芽时剪掉离地 30 cm 以上枝条促发新枝，扦插前母株上方用竹片搭建高 1 m 拱棚，拱棚上部覆盖遮阳网，遮阳网周边用土压实、固定，对母株进行遮阴黄化处理；经过遮阴处理的枝条，当长度达到 20 cm 以上、中部直径达到 2 mm 时，于早晨、傍晚或阴天，选择树冠外围生长良好、枝梢壮实、叶片完整、叶芽饱满、无病虫害的当年生枝条，基部留 3 cm 剪截，保湿，带

图 3-1　绿枝扦插简要流程示意

A. 嫩梢扦插　B. 嫩梢扦插（地插式弥雾）　C. 茎段扦插　D. Y-1 嫩梢插穗根系状况（混合基质）　E. Y-1 茎段插穗根系状况（混合基质）　F. Y-1 茎段插穗根系状况（单一河沙基质）　G. 棚内炼苗　H. 棚外炼苗　I. 大田移栽

回拱棚后抹去枝条基部 5 cm 范围内的叶片和叶柄，并在插条基部最下面末芽的对面，用利刀片削成 1 cm 长的斜面，速蘸 IBA 5 000 mg/L K-IBA（3-吲哚丁酸钾盐）后立即扦插于用珍珠岩、蛭石、草炭按 1∶1∶1 的比例混配好的基质中，保持棚内温度 17～30 ℃，湿度 95% 以上。Y-1 绿枝扦插生根率达到 85% 以上，实现了工厂化育苗。

②小金海棠嫩枝扦插。选取生长健壮、无病虫害的小金海棠植株为采穗母株，剪取其顶端新梢作为插穗。剪制成的插穗长度为 15～20 cm、粗度为 0.2～0.5 cm，保留顶端 2～3 片成熟叶。将插穗用 1 000 mg/L 的吲哚丁酸（IBA）浸蘸基部 30 min 后插入盛有河沙的育苗盘中，置入育苗大棚内，通过自动弥雾和遮阳网控制棚内温度白天 30～40 ℃，夜间 25～30 ℃，湿度 90%～100%。每两周喷一次多菌灵药液。30 d 后小金海棠嫩枝扦插生根率达 31%，100 d 后达到 60%，扦插苗根系发育良好。

③辽砧 2 号、SH40 绿枝扦插。5 月，从 2～4 年生辽砧 2 号、SH40 母株上选取当年生半木质化绿枝，剪制成 10 cm 左右（带 3 个芽）的枝段做插穗，用 IBA 1 000 mg/L 液速蘸插穗，扦插于泥炭与珍珠岩（1∶1）混配基质中，辽砧 2 号中部枝条（保留 1、2 叶片）生根率达 87.3%～88%，SH40 基部枝条（保留 1 片整叶）生根率 53%～55.1%。扦插管理：扦插初期用透光率的 50% 的遮阳网遮光。插后 10 d 内插床每半小时喷水 1 次，每次 5～10 s；白天温度保持在 25～27 ℃，夜间 15～18 ℃。插后 10～30 d 揭开插床两侧塑料膜放风，并逐渐加大放风量和喷水量。扦插 15 d 后每隔 5 d 喷 1 次生根壮苗营养液，扦插 30 d 后多数插条已生根，可逐渐撤去遮阳网。当根系生长到 2 cm 左右时将幼苗移栽到营养钵内培育。

④B9 组培苗嫩枝扦插。5 月份，剪取当年生无病毒 B9 组培苗顶端新梢（粗度 0.2～0.4 cm）做插穗，长度为 15～20 cm，保留顶端 2～4 片叶。用 1 500 mg/L 的 IBA 浸蘸插穗基部 30 s，扦插于蛭石、河沙、珍珠岩 2∶2∶1 混合基质中。扦插生根期间，温室白天温度 25～30 ℃，夜间温度 1～20 ℃。在扦插的初期室内空气相对湿度为 80%～90%，扦插后 2～3 周，新根长出后湿度逐渐降至 50%～70%。生根率达 80.8%～89.6%。

⑤MM106 和 M28 的嫩枝扦插。采用春季催育母株，于 4 月取 4～8 cm 的嫩梢作插穗，并用 1.0% IBA-滑石粉进行处理，再置喷雾或弥雾下生根，MM106 和 M28 的生根率分别达 90% 和 70%，将已生根的插条栽植在不加温温室中直到生长季结束，大约 65% 的 MM106 插条和 45% 的 M26 插条达到了商售规格。扦插条件：采用间歇喷雾，白天阳

光充足时，每 6 min 喷雾 4 s；多云至阴天时改为每 30 min 喷雾 4 s。插床温度 21～23 ℃。

2. 硬枝扦插技术

（1）扦插时期

在春秋两季均可进行，北方地区以春插为主。春插宜早，在土壤解冻后叶芽萌动前进行，华北、西北地区大约在 3 月上中旬，东北地区 4 月中下旬扦插较好。

（2）插穗准备

硬枝扦插所需插穗应从砧木母本园采集充分成熟的 1 年生枝条。春季于扦插前采集，冬季于落叶后采集。剪去穗条先端的不充实部分，截成长 15～20 cm 的插穗。剪插穗时，上端离芽 2 cm 左右处平剪，下端斜剪以利生根。每 50 条或 100 条插穗捆成 1 捆，贴上标签，并注明品种名称、采集日期和采集地点，直立埋于湿沙或锯末中，上部覆 5～6 cm 厚的沙贮藏，温度以 1～5 ℃为宜。贮藏期间注意保持适宜的温度、湿度，防止插条抽干和水浸。

（3）圃地准备

第 2 年春季扦插前应先修整圃地，施肥、灌水、平整圃地，然后做畦。一般沿南北向做成宽约 1 m、长 8～10 m 的畦或宽 30 cm、高 15～20 cm 的垄，垄上扦插可提高地温并避免湿度过大沤烂插穗。

（4）扦插方法及扦插后管理

春季采集插穗的，随采集随制备随扦插。扦插时取出上年冬季贮藏的插穗，形成愈伤组织或不定根的插穗，可直接扦插；其余插穗用 25～100 mg/L 的 IBA 水溶液浸泡插条基部 12～24 h，或用 1 000～2 000 mg/L 的 IBA 水溶液浸蘸插条基部 5～7 s 后，按行距 40～50 cm、株距 15 cm 左右扦插，其顶端与地面平齐或略高于地面。插后浇水，待水渗下后，畦表面撒盖薄层土，覆盖地膜保墒。此后经常保持土壤湿润。发芽后，撒去地膜，每个枝段留一个砧芽，其余抹除。扦插时注意，对已产生愈伤组织或不定根的插穗，应另畦扦插，须先用木棒等在基质中扎孔，然后放入插条，以免损伤幼根。在育苗棚内扦插时，注意温度高时要通过加盖遮阳网或打开通风口降温。每两周喷施 1 次杀菌剂（多菌灵、木霉菌等交替施用），防止插穗感染病害。

（5）扦插案例

①M7、M9、M26 和 JM7 的硬枝扦插。利用半日光间歇弥雾果树育苗系统进行扦插。1 月下旬选取 1 年生植株上长 80～120 cm，粗 0.5～1.5 cm 的健壮枝条，剪成 20 cm 长的插穗，剪口平滑，上剪口在芽体以上 1 cm 左右。插穗基部用 2 000 mg/L 的 IBA 处理 30 s，扦插到以苔藓加河沙为基质的苗床上（苔藓在下层再覆盖 3～5 cm 厚河沙）。基质提前用 50%多菌灵可湿性粉剂 500 倍液进行喷淋消毒。插好后覆盖棚膜保温，利用遮阳网（透光率为 50%）和人工通风控制光照及温度，用自动弥雾设施控制湿度。2～5 月育苗棚内白天温度最高 30 ℃，最低 10 ℃左右，2 月夜间需用保温被覆盖保温。2 月白天湿度 80%以上，3～5 月 60%以上。每两周喷施 1 次杀菌剂（多菌灵、木霉菌等交替施用），防止插穗感染病害。扦插 4 个月后 JM7、M7、M26、M9 的生根率分别为 61.5%、32.5%、21.5%、5.5%，平均根长分别为 10.6 cm、6.4 cm、8.2 cm、13.5 cm。

②M26 硬枝扦插。3 月从果库中取冬季沙藏的 1 年生健壮枝条。剪制成长度为 15～20 cm 的插穗，剪口平滑，上剪口在芽体以上 1 cm 左右；下剪口要求靠近节部，在芽背面呈单面马蹄形。将剪制好的穗每 30 根一捆捆好，将其基部 3～4 cm 浸入清水中 24 h 充分吸水。然后按株行距 6 cm×10 cm 插入苗床。苗床基质为珍珠岩和河沙 1∶1 混合，提前用 50%多菌灵可湿性粉剂 500 倍液进行喷淋消毒。插深 3 cm，插完后将基质摁实。大棚内配备遮阳率为 50%的遮阳网和自动喷雾装置，根据室内温度以及湿度来对喷雾频率进行调节，每次喷雾时间为 30 s。75 d 后（6 月上旬）调查生根率达 27.78%。

③M9T337 的硬枝扦插。于采穗圃选择生长健壮、粗度一致、芽眼饱满、充分成熟、色泽正常的当年生枝条，剪制成粗度 0.8～1.0 cm、长约 10 cm 的插穗，要求上切口在距芽 1 cm 左右处平剪，下切口 45°斜剪。将剪制好的插穗每 50 根 1 捆（芽朝向同一方向），用黄腐酸 500 倍液＋20 mg/L IBA 的混合溶液浸泡插穗基部 3～4 cm 处 12 h，随后按株行距 6 cm×9 cm 插入苗床，扦插深度 3～5 cm。苗床基质为珍珠岩、草炭、蛭石按体积比 1∶1∶1 混配，提前用多菌灵消毒并且足够湿润。扦插后在基质上面覆盖一层沙子，沙子厚度以插穗有 1～2 个芽子露出地面为宜，最后喷 1 次透水。其间视苗情调整光照及温湿度，100 d 后在

气温稳定为 15℃时将生根苗移入田间培育。

④圆叶海棠的硬枝扦插。扦插时采集生长健壮、芽眼饱满、充分成熟、色泽正常的 1 年生成熟枝条，用清水冲洗干净，选择粗度为 0.8～1.2 cm 的枝条将其剪为 10～12 cm 长的枝段，上剪口距上芽 1 cm 处平剪，下剪口靠近节部斜剪。将剪截好的枝段用 1 000～2 000 mg/L 的 IBA 或 NAA 速蘸 30 s，或用 ABT（生根粉 1 号）浓度为 100～400 mg/L 浸泡 2 h。然后扦插于苗床（扦插池底部铺约 10 cm 厚的细沙，再在其上覆盖约 15 cm 的河沙，于扦插前一天用 50% 多菌灵可湿性粉剂 500 倍液喷淋消毒并摊平，扦插前进行灌水），深度约为 3 cm，地上保留 3～4 个芽，其余全部抹掉。扦插株距 8 cm，行距 10 cm。扦插后每隔 7 d 需喷一次 50% 多菌灵可湿性粉剂 500 倍液进行消毒。插后土壤、空气湿度管理，弥雾系统设定为每 20 min 喷一次水，每次喷 1 min。白天温度保持在 24～35℃，温度超过 30℃ 要放风，夜间保持在 15～20℃。扦插 100 d 后圆叶海棠均全部生根，生根率达 100%。

3. 根段扦插技术

对枝插不易成活和生根缓慢的品种类型可采用根段扦插。

（1）扦插时期

根插以春季为主。

（2）插穗准备

插穗从矮化砧母本园的自根矮化砧母株上剪取。具体方法为：秋季依据母树大小选择距树干一定距离处挖半圆形沟，掘出直径 0.3～1.5 cm 的侧根。注意每株树不宜挖根太多，以免影响母树生长，取根后应在沟内施肥、填土，再灌水，促生新根，使树体恢复生长。也可利用秋季矮化砧自根苗起苗后残留在圃地内的、粗度 0.3～1.5 cm 的根段。将收集到的根段剪成 10 cm 左右长，上端剪平，下端斜剪，用稀泥水浸泡 10～15 min 后埋入果窖保存。也可 50～100 根捆成 1 捆，用塑料薄膜袋包好，放置于冷库贮藏。春季挖取的根系随挖随用。

（3）圃地准备

将圃地施肥、灌水、平整后做畦。也可将泥炭、珍珠岩、蛭石按一定比例混配，均匀铺于圃地，厚度 15 cm 左右。

（4）扦插方法及扦插后管理

一般根段扦插不用生长素处理根段直接扦插也可生根，但扦插前用高浓度的生长素（如 1 000～1 500 mg/L 的 IBA 或 IAA）速蘸根段基部 2～5 cm 或低浓度的生长素（如 50 mg/L 的 IBA）浸泡根段 2～4 h，可提高生根率和缩短生根时间。通常可直插和平插，直插利于发芽，但不能倒插。扦插后灌水使插穗与基质密接，温度保持在 15 ℃，一般 7～10 d 后插穗开始生根，插穗生根后将温度升高到 21 ℃，促使不定芽萌发生长。此法繁殖速度快、效率高，春季将砧苗移栽，秋季可达芽接粗度。一般认为，根段的直径和长度对扦插苗的生长影响不大，但对出苗率有显著影响，根段越长、直径越大，出苗率越高，地径大于 1 cm 的合格苗率也越高。采用直径在 0.5 cm 以下的根段进行育苗会显著降低出苗率和合格率，在实际生产当中建议使用直径在 0.5 cm 以上的根段进行育苗。

（5）扦插案例

①苹果根接扦插当年出圃案例。利用苹果苗出圃时残留圃地的砧根（西府海棠），选取长 10 cm、粗 0.5 cm 以上，带有支根、侧根的根段，于 3 月中旬单芽嫁接苹果品种金帅、国光，嫁接后即行沙藏（金帅半月、国光数天）。育苗地土壤为沙壤土，施入基肥深翻 20 cm 左右整平。4 月初直插圃地，接材上端平齐地面，上再覆土 2～3 cm。新芽开始生长后，分别于 5 月下旬、6 月下旬、7 月中旬、8 月中旬、9 月初追施硫铵，每次每亩 5～7.5 kg，结合灌水、松土、除草，同时注意防治病虫害。6 月下旬以前苗高达到 70 cm 以上时摘心。采用此方法可于圃内形成一级主枝，当年苗木可以整形。但应选择发枝强的品种。

②苹果矮化砧木 M7 根段扦插繁殖。2 月中旬挖取 2 年生苹果矮化砧木 M7 母树根系，选直径 0.3 cm 以上的根，剪成 15 cm 根段做插穗，直插入高于地面 1～2 cm 的沙床中，用苇帘覆盖苗床。当年 11 月 20 日进行挖掘调查，一株 2 年生的母树，根段扦插当年可得苗为 25.7 株，其中立即可做接穗的、直径在 0.7 cm 以上的有 3.5 株，直径在 0.69 cm 以下的有 22.2 株。研究发现，根段粗度不影响不定芽的发生，但其长度同不定芽的发生密切相关，根段越长不定芽和不定根的发生率越高。

③武乡海棠根段扦插繁殖方法。扦插前平整苗床，苗床土用细沙或半土半沙，并用多菌灵 800 倍液消毒。春季解冻后，挖掘武乡海棠优良植株地表层须侧根，选取粗度 0.4～0.8 cm 的根系，剪成 12～15 cm 长

的根段，用 20 mg/L 的 IAA 处理根段后，按株行距 15 cm×20 cm 倾斜插入苗床。苗床上方用塑料薄膜搭设小拱棚，控制苗床地温在 19℃左右，空气湿度在 70% 左右，当中午温度升高时应打开薄膜通风。大约 30～40 d 插穗发芽生根。发芽时要求中午适当遮阴，幼苗生长到 10 cm 左右时经炼苗移入大田苗圃，成活率可达 70% 以上。

扦插繁育自根苗技术流程：配制扦插基质—剪制插穗—浸蘸生根剂—扦插—生根（光温气湿管理）—炼苗—移栽。

二、压条繁殖

压条繁殖是在枝条不与母体分离的状态下，将枝条压入土中或包裹在能发根的基质中，促使其压入部位发根，然后剪离母体成为独立新植株的繁殖方法。该方法生根过程中所需水分和养分均由母株提供，管理简单，方便易操作，成活率高，可用于扦插不易生根的品种类型。压条繁殖受母株所限，繁育系数相对较低。

（一）繁殖圃的建设

1. 圃地选择与整理规划

圃地应选背风、向阳、地势平坦开阔、交通方便、生态环境良好的地块，且有灌溉条件，排水良好。土壤为土层深厚、土质肥沃的轻壤土、沙壤土或壤土，pH 5.5～7.5，且连续 3 年未繁育果树苗木或建过果园。园地 500 m 内应无苹果树，四周最好设置防风林带或绿篱隔离带，树种选择与苹果没有共生病虫害的乔灌木，不能选择桧柏等柏科类植物。

对选择好的园地土壤应进行整理规划。整地前深翻土壤，施足底肥。于砧木苗栽植前一年的秋季将土壤深翻 80～100 cm，每亩施腐熟牛羊粪 10 m³ 做底肥，均匀撒施后再深翻 40～50 cm，并于土壤结冻前灌溉。为预防砧苗根部病害，还应对土壤进行适当杀菌防虫处理，可按每平方米喷洒五氯硝基苯 75～100 g 杀菌或每亩撒施 15% 毒死蜱颗粒剂 1 kg 除虫等。土壤解冻后至栽前 1～2 周，每亩均匀撒施磷酸二铵 100 kg 或氮磷钾复合肥 100 kg，旋耕并耙平。

大型繁殖圃应按品种划分为不同的圃区，圃区内还可划分为小区，大小以喷灌设施覆盖范围和喷药器械的跨度等相匹配为宜。同时做好田间道路规划，用于喷药、灌溉、追肥等作业车辆行走和田间生产资料运送等，一般道路宽度以 3.5～4 m 为宜。

2. 母株栽植深度及株行距选择

选择根系良好、枝条充实、粗度较均匀和芽眼饱满的砧木苗作为母株，剪留 50～100 cm。母株苗栽植前应充分浸水，经泥浆浸根（也可混入适当浓度的杀菌剂和生根剂）后于土壤解冻后至母株萌芽前栽植（各地随气候变化不同，多在 3～4 月份）。

母株栽植深度依据砧木的生根部位不同略有差别，以萌蘖根为主的 M7 等可以栽浅一些，以气孔生根为主的 M26 和 M9T337 等可以适当栽深一些。一般情况下栽植前按行距 1～2 m 挖栽植沟并做垄，沟深、宽 30～40 cm，开沟时底土与表土分开，表土放入沟内栽植苗木，底土留一边起垄，垄高 30 cm，作培土用。开沟的主要目的是防止连年培土分株使母根上移和母株老化，影响萌蘖生长，同时防止病毒的感染。

采用水平压条时，将母株按设定株行距倾斜栽植。具体株距根据母株苗的高度来确定，以压倒后 1 个母株顶端部位超过前 1 个母株根颈处的剩余长度大于或等于 5～10 cm 为宜。行距则依单行、双行、多行栽植方式而不同。单行栽植行距一般为 0.9～1.8 m，常见的行间距为 1 m；双行栽植，两小行母株的走向相互平行且主干倾斜（延伸）方向与行向一致，大行行距为 1.0～1.8 m，小行行距为 15～40 cm，多采用的小行行距×株距×大行行距为（20～25）cm×25 cm×150 cm；多行栽植行距按大小行栽植规划，每隔 1 个大行内栽植 3～6 个小行，大行兼为作业道。生产上常用单行和双行栽植法，简单易行。

采用垂直压条时，按 2 m 行距开沟做垄，沟深、宽均为 30～40 cm，垄高 30 cm，株距为 30～50 cm。一垄双行栽植按株行距 0.2 m×0.2 m×1.5 m 栽植。

3. 栽植方法

水平压条母株的栽植。将准备好的砧木苗在栽植沟内按规划株距与地面呈 30°～45°夹角、梢部向北倾斜栽植，垂直深度约 15 cm，然后填土踏实，连续灌 2 次透水后封土。封土后的栽植沟平面应低于原地平面 3～5 cm。母株苗定植后要及时覆盖地膜，以提高地温并保持一定的湿度。

垂直压条母株的栽植。将选好的砧木苗按一定株行距挖沟直立栽植，栽后填土以栽植沟略低于地表为宜。栽好后灌水覆膜以提温保墒促成活。

（二）压条基质选择

压条繁殖堆埋常用的基质有园土、锯末、河沙、商售蔬菜育苗基质、废弃菌棒等，不同的覆土基质对压条生根有很大的影响，应选择透气性强、保水力好的基质。苹果砧木压条繁殖中常用的堆埋基质为锯末和园土，锯末最好发酵后使用，以加工阔叶木类原木的锯木屑为佳，不使用未经杀菌处理的苹果、梨等仁果类果树枝干锯木屑。邓丰产等（2012）认为锯末做 M9 压条基质生根率为 87.33%，明显比土和废弃菌棒效果好很多。杨蕊（2013）认为木屑是 M26 和 M9 压条生根效果较好的基质，锯末是 JM7 压条生根效果较好的基质。梁建勇等（2019）研究表明，在缺少锯末时，覆土繁殖 M9T337 省工、省劳力、省钱，可以生产出合格的 M9T337 种苗。韩秀清等（2020）认为，压条繁殖 M9T337 时，培土用混合土好，混合土的配比为园土、腐熟锯末各占 1/2，其中园土混有适量的商品有机肥或腐熟细土肥、木屑或透气性良好的其他基质；也有用园土、腐熟锯末、细河沙各 1/3 混合后做堆埋基质的。使用混合堆埋基质的好处是保证沟内土壤有良好的透气性和保水性，从而促使根部发育良好，同时剪砧时也不易损伤根系。

（三）压条繁殖方法

1. 水平压条

水平压条多用于枝条细长柔软的矮化砧类型，如 M7、M2 等。

（1）压条方法

水平压条在春季，待苗干多数芽萌发（一般在 5 月）时进行。

采用顺行直线压条法。选用生长健壮的矮砧母株上充实的 1 年生枝条，顺母株苗栽植的倾斜方向将苗干压倒在略低于地面的栽植沟内，第 1 株苗压倒后梢部用第 2 株苗的基部压住，第 2 株苗压倒后梢部用第 3 株苗的基部压住，以此类推。用小竹棍十字交叉固定拉倒埋入地下的砧苗，必要时可先将相邻两种矮化枝条用塑料薄膜带首尾绑缚后再用竹竿固定，防止苗干压倒后中部鼓起。在压倒苗干的同时，抹除母株苗干基部和梢部的芽以及过密芽（保留芽间距 3～5 cm），使母株苗干上的新梢长势均匀。

当留下的新梢长至 15～20 cm 时（大约 6 月）进行第一次培土，培土前先摘除新梢基部 10 cm 范围内的叶片，然后在新梢基部培湿土 10 cm

厚并灌水，也可先浇水后培土，使枝土密接并保持土壤湿度。1个月后进行第二次培土，两次培土总高度约30 cm。培土时间往往因地域、母株质量、管理水平等不同，存在较大差异。应根据砧圃内子株生长实际情况合理安排。

（2）压条后管理

压条苗繁殖期间应加强水分管理。培土前应灌水，培土后注意保持土堆内湿润，可用喷灌或滴灌保持土壤含水量为田间最大持水量的60%～80%，以后根据天气情况、覆盖物的干湿程度进行浇灌，做到旱时浇，涝时排。一般培土后20 d左右开始生根，为确保砧木苗健壮生长，还应少量多次追肥。前期以氮肥为主促快长，中后期（7月后）应增施磷、钾肥并控水促枝条木质化。一般结合灌水每亩施入尿素或磷酸二铵8～10 kg，同时结合病虫害防治可喷施2～3次0.3%～0.5%的磷酸二氢钾等叶面肥。砧苗期病虫害相对较轻，可针对性地防控。同时注意及时中耕除草。

压条后还应注意除萌蘖。枝条基部未压入土内的芽处于顶端优势地位，应及时抹去强旺蘖枝。

（3）起苗

秋季落叶后即可进行分株，一直可持续到土壤封冻前。将苗床上的覆盖物全部扒开，露出母株苗干及其上1年生枝基部长出的根系。将每条生根的1年生枝在基部留1 cm的短桩剪下成为砧苗。短桩上的剪口要略微倾斜，以便下一年从剪口下萌发新梢继续培土生根。剪下的砧苗分级后，对齐根部，每50株1捆加挂标签，窖藏沙培越冬，有条件的也可贮藏在低温冷库或气调库中（贮藏环境湿度接近100%，温度-0.5～1.5℃），翌年春季移栽至苗圃作砧苗利用。

压倒的母株苗干及苗干上留下的有根短桩仍保留在原处。母株苗干上长出的未生根的1年生枝可留在原地不剪，翌年春季再作母株苗干继续水平压条，压倒时应与原母株苗干平行，并使其有10 cm的间距。母株苗干上长出的未生根的细弱枝全部剪除。剪苗后原母株苗干重新培土、灌水越冬。第二年春季，扒开母株水平苗干上的培土，隐约露出母株水平苗干及其上的短桩；短桩上的新梢穿土而出，待新梢长到15 cm时开始培土，重复上一年的工作过程。如此年复一年，至少可以维持15年在此母本上收获自根砧木苗。

2. 垂直压条法

垂直压条法也可称之为直立压条法，多用于枝条粗壮直立、硬而较脆的矮化砧木类型，如 M8、M9、M26、MM106 等。

春季萌芽前，将矮化砧木母株（2 年生以上）从近地面 3～5 cm 处短截，促使近地面处萌发更多新梢。待新梢长至 15～20 cm 时，摘除基部 10 cm 范围内的叶片，灌水后进行第一次培土，培土 10 cm 厚，保持土壤湿润。1 个月后进行第 2 次培土，培土 20 cm 厚，两次培土高度达 30 cm。也可在培土的同时，于新梢的适当部位进行芽接或者绿枝嫁接栽培品种，嫁接成活后及时剪砧，促使嫁接苗生长成株。当年或者翌年将生长成株的嫁接苗与母株分离，形成独立的自根矮化砧的苹果苗，即可定植。

垂直压条后管理同水平压条，可参照进行。

秋天落叶后入冬前即可分株起苗。起苗时，先扒开土堆，露出 1 年生枝基部长出的根系，将其在每根萌蘖的基部靠近母株的地方，留 2 cm 左右短桩剪下，成为砧木苗。剪下的砧苗先分级，然后将根部对齐每 50 株 1 捆加挂标签贮藏（方法见水平压条），翌年春季移栽至苗圃作砧苗利用。

母株苗干上长出的没有生根的枝条也要同时短截。分株后给母株施肥覆土防寒，待来年春季短桩上的新梢长到 15～20 cm 时开始覆土，重复上年的工作过程。

3. 压条繁殖案例

（1）SH38、SH40 水平压条规模化繁殖方法

①建立繁殖圃。母树采用 SH38 或 SH40 的自根苗或贴近根茎部位嫁接的以八棱海棠为砧木的嫁接苗，于春季按株距 0.5～0.7 m，行距 3.8～4.2 m 定植。栽植前挖深约 30 cm 的定植沟，栽植深度为嫁接苗的嫁接口在土面以下 10 cm 左右，自根苗地茎在苗圃地平面下 3～5 cm，栽后连续浇水保成活。定植后，嫁接苗在距嫁接口上方约 10 cm 处短截，自根苗在地面以上约 5 cm 处短截；清除掉八棱海棠砧木的萌芽，保留嫁接口以上 3～4 个健壮的萌芽，自根苗保留 3～4 个健壮的萌芽其余抹除，生长期内加强管理，促萌条健壮生长，使之当年秋长度达到 160 cm 以上。

②压条。翌年春季萌芽前采用水平"鱼刺状"压条。压条前先刻芽，方法为在每根枝条自距离其基部 20 cm 左右开始，对压条后处于背上或背斜侧的芽眼每隔 7～10 cm 选一个健壮芽刻芽促萌发。然后在繁殖母树两侧向行间开沟，沟向与行向垂直，深度 3 cm 左右，沟底宽度 5～

10 cm，将上年保留的萌条水平压至沟内并固定好后，在枝条上填疏松壤土至沟填平。

③压条生根处理。压条后 15～25 d，压条上的芽萌发并钻出地面，压条成为母枝。芽萌出地面后，要疏间细弱萌芽并及时做好病虫害防治和杂草清除工作。当萌芽长出的新生嫩条长到 40～60 cm、基部半木质化时进行生根处理，具体方法为：将压条时填埋的土扒开露出新萌发的嫩梢基部，在距压条母枝 1～4 cm 处用铁丝绞缢，保证铁丝勒入皮层但不伤及木质部；将绞缢处以上 9～14 cm 处的叶片去掉，并在其上涂抹生长素液（0.4‰～0.6‰ IAA＋0.6‰～0.9‰ NAA），将处理后的嫩条覆盖约 20 cm 厚的基质。基质可直接用繁殖圃园地（沙壤土）下层湿土，也可先用湿锯末或湿细木屑将嫩条埋 10～12 cm 厚，然后再用繁殖圃地土壤补填至 20 cm 厚左右。

④管理。嫩枝激素处理部位土壤相对湿度应保持在 55%～65%，同时做好病虫害防治，保证新梢健壮生长。压条后至 8 月底，每隔 7～10 d 喷一次氨基酸肥，9 月初至 10 月上旬，每隔 8～12 d 连喷 2～3 次磷肥。对于繁殖圃中的母树，每年春季除水平压条的枝条外，母树基部重新萌发的新梢要及时抹除砧木的萌蘖，将砧木嫁接口以上萌发的新梢保留 4～5 个，自根苗萌发的新梢保留 4～5 个，其余抹除；每年春季压条前，对每株母树施入有机肥 1～2 kg、氮磷钾三元复合肥 100～150 g。

⑤起苗。10 月下旬，苗木叶片开始脱落时即可起苗；起苗时，先将填埋的基质扒开至露出嫩条的新生根系，将春季压条处理的母枝从基部剪断一同起出，在萌条生根处理时绞缢处下方将苗木与母枝分开，并根据生根情况和苗木大小将苗木进行分级、假植。

（2）MM106、M26、M9 及其优系 M9T337 等苹果矮化自根砧单行栽植水平压条快速繁殖方法

①建立繁殖圃。选择生根部位以上 10 cm 处粗度 6～8 mm、高度 50～60 cm 的矮化自根砧苗，于 3 月下旬至 4 月下旬，按行距 1.8 m、株距 20 cm，单行栽植，使自根砧苗向北倾斜，与地面成 30°角。栽植后于苗木一侧 20 cm 外开沟灌足水，一周后采用自动喷灌系统，每周喷灌 1 次，地面喷透为止。日常注意清除杂草（当年禁用除草剂），加强水分供应，及时灌水防止定植当年 5 月苗木基部日烧，增施叶面肥。这样定植当年可发枝 3～5 个，至 9 月底长度达 60～90 cm。

②压条形成母株。矮化自根砧栽植当年秋季，10月中旬，在枝条新梢停止生长后，把所有枝条压倒平卧地面，采用顺行辫枝、辅以竹签别枝的办法，防止枝条上弹，操作时向北压倒，同时注意粗的枝条容易折断，可先把苗木基部的土刨开；竹签可用短细竹竿加工，长40 cm左右、粗10~14 mm，一端削尖便于插入土壤固定枝条，一端裁齐。压条后顺压条两侧开沟20~30 cm，每亩施复合肥100 kg，施肥后所有枝条与地面贴实，枝条上部覆土不超过2 cm。

③子株覆盖生根。共覆盖4次，前3次覆盖锯末，锯末与土的体积为3:1，最后覆1次土。第二年母株上芽体萌发形成子株，待子株高15~20 cm时（4月底），基部覆土，填实母株与子株基部。5月上旬继续用土填实母株基部，下旬分枝高度达30~50 cm，第1次覆锯末，厚度10~15 cm；覆后每3 d喷灌1次，以锯末保持湿润为宜。6月中旬，第2次覆锯末，厚度10~15 cm，总厚度达到30~40 cm为宜；喷灌每天进行1次，以锯末保持湿润为宜。6月下旬至7月上、中旬，第3次覆锯末，厚度10~15 cm，总厚度达到40~45 cm为宜；喷灌每天进行1次，以锯末保持湿润为宜。7~8月，砧木每2 d喷灌一次，喷湿锯末为宜。8月份砧木子株基部已生根5~7条，进行最后1次覆土，即把通风作业道内的土覆在锯末上薄薄一层；9~10月，加强水分供应，保持锯末湿润。

④起苗。11月开始收获矮化自根砧，子株生根多达20个以上；先铲去锯末，露出子株根系不能露出母株，然后用长把修枝剪剪断子株与母株相连的根茎，不能把子株的根茎全部剪下，要留3~5 cm作为母株的一部分，剪下的子株即自根砧苗，根部对齐，每50株一捆，按照根茎留20 cm、地上茎留20 cm、嫁接品种时用去砧木茎干10 cm的原则，保持自根砧苗总长度50 cm，裁去自根砧苗多余茎干，装箱，用湿锯末沙藏，保存在0~3℃的冷库中，来年春季嫁接苹果品种，愈合后栽植于苗圃培育矮化自根砧苹果苗。

压条繁殖自根苗流程：第一年，选择圃地并整理规划—定植母株—秋季压倒繁殖压条母株；第二年，子株覆盖起垄—起苗。

三、组织培养繁殖

植物组织培养又称试管培养或离体培养，是指采用植物体的器官、组织和细胞，通过无菌操作接种于人工配制的培养基上，在一定的温度和光照条件下，使之生长发育为完整植株的方法。供组织培养的材料（器官、愈伤组织、细胞、原生质体或胚胎）称为外植体。外植体的最初培养称为初代培养、起始培养或启动培养。将初代培养获得的培养体移植于新鲜培养基中，经过多次转移增殖称为继代培养或增殖培养或分化培养。依据外植体材料不同组织培养又可分为茎尖培养、茎段培养、叶片培养和胚培养等。组织培养在苹果矮砧繁殖中主要是快速繁殖和无病毒苗繁育。利用组织培养方法繁殖果树苗木，具有占地面积小、繁殖周期短、繁殖系数高和能够周年繁殖等特点。对于大量繁殖优良品种苗木、脱毒果树苗木和砧木，建立高标准和无病毒果园，适应果树生产向现代化发展，具有重要意义。

（一）影响苹果组织培养繁殖的因素

1. 外植体的选择与消毒

选择合适的外植体是组织培养成功的前提。苹果的根尖、嫩茎、茎尖、幼叶和芽等器官，都可作为其组织培养快速繁殖的外植体，但不同器官的再生能力不同，应综合考虑材料本身的幼化程度、着生部位及自身的生理状态等之后再选择合适的外植体。苹果砧木快繁常用的外植体为幼嫩茎段、茎尖或叶芽。

外植体的消毒处理是组培快繁无菌体系建立的关键步骤。常用消毒剂有乙醇、次氯酸钠和氯化汞等。不同外植体的杀菌程序基本一致，通常的方法是：洁净水刷洗或浸泡→自来水冲洗→无菌条件下用 70%～75% 的乙醇短时间震荡消毒（通常 30～40 s）→0.05%～0.1% 升汞或0.3%～0.6% 的次氯酸钠浸泡杀菌数十分钟→无菌水冲洗 3～5 次。不同品种或者同一品种的不同外植体，由于其生理发育状态不同，材料的幼嫩程度存在差异，所需的消毒剂浓度和消毒时间也就不同，应根据外植体选择部位和材料本身的发育状况选择合适的消毒剂及处理浓度和相应的消毒时间，确保杀菌彻底同时又不伤害材料本身。

2. 培养基

组织培养时所利用的外植体材料个体幼小，脱离母体后需要在严格的培养条件下才有可能成活。这就要求培养基需要有丰富全面的养分来满足其发育所需。培养基的构成要素通常为无机盐类、有机营养成分、植物生长调节剂、水、琼脂、天然有机添加物、pH 等七要素。

培养基常用的无机盐类有硝酸铵、硝酸钾、磷酸二氢钾、硫酸镁、氯化钙、铁盐、硫酸锰、硫酸锌、钼酸钠、碘化钾、硫酸铜、硼酸、氯化钴等，这些无机盐所提供的大量元素和微量元素都是植物细胞生长所必需的，对植物器官的发生和分化有重要作用；不同植物适宜的盐离子浓度不同，一般盐浓度低时利于生根，盐浓度过高则易产生毒害。

　　培养基中的有机营养成分由糖、各种氨基酸、嘌呤、维生素等提供。糖多用蔗糖，也可用市售白糖，它可为细胞生活提供碳源和能量，同时可维持培养基的渗透压；常用糖的浓度为 $1\%\sim4\%$，生根时稍低，促芽时稍高。氨基酸是组成蛋白质的基本单位，为重要的有机氮源，主要是加快代谢效能，最常用的为甘氨酸。嘌呤是细胞分裂素的基团之一，利于芽的分化。维生素关系到基础生化代谢，有利于培养物的生长和发育，一般多为 B 族维生素，如烟酸、盐酸吡哆醇、盐酸硫胺素等，用量多在 $0.1\sim10\,mg/L$；肌醇用量稍高，为 $25\sim100\,mg/L$。

　　植物生长调节剂对细胞分裂分化、器官的形成起着重要的调节作用，主要包括生长素、细胞分裂素和赤霉素等。其中最重要的是生长素和细胞分裂素。

　　生长素主要是促进外植体脱分化并使细胞启动分裂和生长，也常被用于诱导根的分化。常用的生长素有吲哚乙酸（IAA）、吲哚丁酸（IBA）、萘乙酸（NAA）、2，4-二氯苯氧乙酸（2，4-D）等。其中吲哚乙酸怕光，在高温高压下易分解；吲哚丁酸促进生根的作用大于吲哚乙酸，热稳定性较高，不易分解；萘乙酸作用比吲哚乙酸高 3.7 倍，稳定性高，不易分解和破坏；2，4-D 比萘乙酸作用强 10 倍，在诱导脱分化中使用，易形成愈伤组织，但强烈抑制芽的形成和器官的发育。

　　细胞分裂素主要影响细胞分裂、不定芽分化及茎的分化等。常用的细胞分裂素有 6-苄氨基嘌呤（BA）、激动素（糠氨基嘌呤，KT）、玉米素（ZT）等，促进细胞分裂能力由强到弱的排列顺序是玉米素＞6-苄氨基嘌呤＞激动素。赤霉素常用的是 GA_3，主要促进茎的伸长，胚的萌发。

　　生长素与细胞分裂素对细胞生长分化具有协同作用，二者不同用量与配比，对细胞分化的调节作用不同。一般生长素/细胞分裂素比值大时，利于根的分化，比值小时利于芽的形成，适中时有利于愈伤组织形成。培养基中激素的类型，浓度和组合决定了组织、器官的发育和分化方向，故应根据需要及时调换激素的种类和浓度，以有效控制器官的分化和形成。

培养基的绝大部分组分为水分，水是一切生命活动的物质基础。水质也会影响到培养的成败。一般母液配制或试验建议用去离子水或蒸馏水，大批量生产可用清澈的井水、自来水或泉水，但若水中盐分含量高时建议烧开后冷却澄清后再用。

琼脂是一种高分子的多糖，主要作用是固体培养基的固化剂，在约 90 ℃的水中溶解，约 40 ℃时凝固。不同厂家不同品牌使用量不同，以可凝固、杂质少、用量小为好，需通过试验确定。除此外，高温灭菌时间长短、灭菌时压力大小等也会影响培养基的凝固。

一些天然有机物质，如椰子汁（100～150 mL/L）、酵母提取液（0.01%～0.5%）等，通常富含有机营养成分或生理活性物质（如激素等），将其添加到培养基中会产生良好的效果。但因这些天然有机物质成分复杂，常因品种、产地和成熟度等因素而不同，因此试验的重复性较差。有些天然有机物质会因高压灭菌而发生变性，从而影响效果，需要采取过滤的方法除菌。这些均会影响培养效果。

培养基的 pH 也是影响植物组织培养成功的因素之一。在灭菌前，培养基的 pH 通常被调到 5.0～6.4，最常用的 pH 为 5.7～5.8。培养基的 pH 应根据所培养的植物种类而定。常用浓度为 1 mol/L 的 NaOH 或 0.1 mol/L 的 HCl 溶液来调整培养基的 pH，实际操作时应注意 pH 过高时，培养基会变硬；pH 过低时，则影响培养基的凝固。

常用的基本培养基有 MS、LS、B5、改良怀特（White）、米勒、H、N6、C2D、GB、GS、WPM、改良 C17 等，适用于不同的植物种类。苹果组培快繁多采用 MS 做基本培养基，也有用 WPM、QL 和改良 C17 作为基本培养基的。MS 培养基无机盐浓度高，特别是硝酸盐、钾离子含量丰富，能够满足快速生长的组织对营养元素的要求；其微量元素和有机成分含量齐全且较丰富；元素平衡和缓冲性能均好，适用于较多植物的组织培养，是目前使用最广泛的培养基。WPM 培养基相对于 MS 培养基而言，使用硫酸钾替代了硝酸钾，硝酸铵的含量降低了 75% 左右，是一款低盐的培养基，目前多应用于木本植物的组织培养。有报道称相较于 MS 培养基，WPM 培养基更有利于苹果砧木 G.11 试管苗茎的生长，而且可以显著降低 G.11 试管苗的玻璃化率，更适合用于 G.11 试管苗的增殖培养。QL 和 MS 组分的最主要差异是 NH_4^+ 含量及 NO_3^- 与 NH_4^+ 比例的不同，QL 在核果类果树上应用更多一些，但有

报道称 QL 培养基的 NH_4^+ 含量及 NO_3^- 与 NH_4^+ 比例更适宜苹果砧木 54 -
118、JM7、GM256、Budagovsky71 - 3 - 150、Bud - agovsky60 - 160 的
增殖培养。C17 较 MS 降低了氮素含量，提高了肌醇和蔗糖含量，并添
加了 D-生物素，对花药愈伤组织诱导更为有利，而师校欣等（1996）
用改良 C17（C17 的大量元素，其他成分同 MS）做首红苹果茎尖的启
动和增殖培养的基本培养基取得了较好的效果。表 3 - 2 列出了应用较
为广泛的 MS 基本培养基配方。

表 3 - 2　MS 基本培养基配方

组成成分		用量（mg/L）
		MS
无机元素	大量元素	
	NH_4NO_3	1 650
	KNO_3	1 990
	$CaCl_2 \cdot 2H_2O$	440
	$MgSO_4 \cdot 7H_2O$	370
	KH_2PO_4	170
	微量元素	
	$FeSO_4 \cdot 7H_2O$	27.8
	Na_2-EDTA	37.3
	$MnSO_4 \cdot 4H_2O$	22.3
	$ZnSO_4 \cdot 7H_2O$	8.6
	H_3BO_3	6.2
	KI	0.83
	$Na_2MoO_4 \cdot 2H_2O$	0.25
	$CuSO_4 \cdot 5H_2O$	0.025
	$CoCl_2 \cdot 6H_2O$	0.025
有机元素	维生素	
	烟酸（B_5）	0.5
	盐酸硫胺素（B_1）	0.1
	盐酸吡哆醇（B_6）	0.5
	肌醇	100
氨基酸	甘氨酸	2

3. 培养环境

培养环境（光温气湿）会大幅度影响试管苗的生长发育。光是植物生长所必需的，光照对植物细胞、组织及器官的生长分化具有较大的影响。尽管不同植物对于光照的要求不尽相同，但大多表现为光照过强时试管苗生长缓慢，并且会抑制根的形成与生长；缺少光照又会造成试管苗徒长，茎秆细弱生长不良，通常要求培养室每日光照时长达 12～16 h，光照强度在 1 000～5 000 lx。植物不同的发育阶段对光照的要求也有所差异，一般而言，暗培养有利于细胞、愈伤组织的增殖，光培养对器官分化更有利。

适宜的温湿度也是植物生长必需的条件，温湿度过高过低均不利于植物生长。温度低湿度大时，试管瓶壁上出现冷凝水，组培苗出现玻璃化甚至叶片腐烂现象；湿度过低，培养基中水分消耗过快，植株缺水干瘪，需要频繁更换培养基。一般培养室温度控制为 25 ℃左右，湿度保持在 70%～80% 为宜。

4. 炼苗和移栽

试管苗一般在无菌、高湿、弱光、恒温条件下进行异养培养，将生根苗从试管中移栽于土壤中，常因外部环境条件变化较大导致成活率较低，而且在瓶内培养基上发生的根系无根毛，茎输导组织和保护组织发育不健全、叶片栅栏组织少、叶片气孔在干旱条件下缺乏关闭功能，移栽后容易失水降低成活率或感染病害而死亡。因此，移栽前的驯化尤为必要，以提高组培苗适应变化的外界环境条件的能力。

可通过简化生根培养基，如去掉基本培养基中的有机成分，降低蔗糖浓度等，给试管生根苗一定的逆境锻炼。但也有研究表明，生根培养基中有较高浓度的蔗糖（3%～5%）和适宜总氮量（30 mM），有利于生根苗组织充实，输导组织和保护组织发达，可以增强其移栽适应力。移栽前对试管苗进行强光炼苗是必需的，采用闭瓶炼苗和开瓶炼苗相结合，通过增加光强，降低湿度，使其逐渐适应外界自然环境条件。具体方法：将生根试管苗放在地面温度小于 35 ℃，20 000～35 000 lx 强光下闭瓶锻炼 2～3 周。当幼茎阳面呈红色、叶色浓绿时，再去掉瓶塞，开瓶加入 1 cm 洁净自来水锻炼 1 周左右，从无菌过渡到自然环境。量少时也可将生根试管苗放在玻璃窗上晒苗 2～3 周后再开瓶炼苗。

经过强光锻炼的生根苗可以移栽于营养钵中。注意幼苗从试管中取出时，应用流水冲洗根部附着的培养基，以免招致有害微生物的浸染。移栽基质可从园土、蛭石、河沙、泥炭土等中选两或三种按一定比例配置并做杀菌处理，移出后将营养钵置于温室或塑料大棚内，保持相对湿度85％～100％，日平均温度25℃左右，光照强度18 000 lx左右，视苗情1周左右逐渐揭膜，尔后过渡锻炼2周左右移入田间。移入田间后应注意做好除草、追肥、杀菌等管理工作，促苗健壮生长。

试管苗的移栽季节也很重要。当在植物的生长季节时，植物生长旺盛，试管苗移入营养钵后易成活，否则在良好的环境条件下，也难以成活。如苹果苗在春夏季移栽，成活率可达80％以上；秋冬季正是苹果树的休眠时间，此时移栽成活率较低。

总之，试管苗的移栽是幼苗从半自养状态过渡到完全自养的过程。这个过程是一个生理上的适应过程，需要根据不同植物的生物学特性，筛选其适宜的光温气湿等移栽条件，满足其生理需求来确保移栽成活。

(二) 组织培养中常见问题

污染、褐化、玻璃化是组织培养中存在的三大问题。

1. 污染

污染是指在培养过程中，培养基或培养材料上滋生真菌、细菌等微生物，使培养材料不能正常生长和发育的现象。污染分为接种前污染和接种后污染。接种前污染主要是由于接种工具、接种环境、培养基未彻底杀菌或者接种人员自身带菌等造成的；操作人员应严格遵守无菌操作规程，定期用紫外线照射接种室或用甲醛加少量的高锰酸钾混合熏蒸杀菌，并对接种器具、培养基等严格灭菌，同时用75％的酒精擦拭工作台等，确保在无菌状态下接种。接种后污染主要是由于操作环境消杀不彻底甚至超净工作台损坏，外植体消毒不彻底或本身内生菌较多，以及操作不规范带入杂菌等引起；对于接种后污染，在接种程序严格消杀的基础上，主要从外植体的选择和处理等方面进行预防。应注意选择本身含菌量少的器官甚至不含菌的组织做外植体，如植物的胚等。选用常规外植体（如茎段等）时可进行消毒剂、消毒时间和方法试验，如用2～3种杀菌剂联合灭菌或者多次灭菌等。对植物内生菌难以通过表面杀菌灭除时，可尝试在培养基中加入适量的抗生素解决。

2. 褐化

褐化是在组织培养过程中,培养材料向培养基中传播褐色物质,使培养基和培养材料逐渐变为褐色,进而抑制培养材料正常的生理生化反应,最终导致其死亡的现象。褐化的发生同外植体的基因类型密切相关,一般体内酚类物质含量较高的外植体更容易发生褐化。褐化还受到外植体生理状态、取材部位、取材时期、外植体的大小及受伤程度、外植体预处理等因素影响,幼龄材料比成龄材料褐化轻,叶片较茎段更容易发生褐化,处在生长季节的外植体中因含有较多的多酚氧化物,更容易发生褐化;而相对较大的外植体和外植体损伤小时褐化轻,对外植体取材母株进行遮光处理后再进行取材培养时褐化减轻。培养环境温度过高也容易引起培养材料的褐化。培养基中的一些物质,如过高浓度的细胞分裂素或无机盐也容易导致褐化,而添加一些抗氧化剂或吸附剂可减轻褐化。常用抗氧化剂有抗坏血酸、乙二胺四乙酸、植酸 PA、半胱甘肽等,吸附剂有活性炭、聚乙烯吡咯烷酮等。

3. 玻璃化

组培苗玻璃化是指在植物组织培养过程中,试管苗生长异常,呈嫩绿透明状,叶片皱缩卷曲、脆弱、易碎,愈伤组织呈鲜绿水渍状,又称"过度水化"。玻璃苗的组织结构和生理功能异常,导致了其继代培养和生根均极其困难,移栽后也不易成活,是组织培养中的三大难题之一。目前有关玻璃苗成因的报道较多,普遍认为与培养材料、培养基成分、培养条件等有关。培养材料的基因型和外植体的类型是导致玻璃化产生最为关键的一个因素。较高的培养基水势及环境湿度也直接导致玻璃化的发生,研究发现液体培养或者试管内空间相对湿度高时更容易发生玻璃化现象。培养基中的碳源类型、无机盐或离子浓度也可在一定程度上导致玻璃化的发生。有研究表明,培养基中相同浓度果糖和葡萄糖较蔗糖更易产生玻璃苗,NH_4^+过多也容易导致试管苗玻璃化发生。培养基中的细胞分裂素尤其 6-BA 也是玻璃化产生的重要原因,师校欣等(1996)在进行苹果砧木和品种的组织培养时发现,在添加 6-BA 0.5 mg/L 和 1.5 mg/L 的培养基中,玻璃化率分别为 10% 和 50%,表现为高浓度的 6-BA 更容易导致玻璃化苗发生。另外,温度、光照、pH 等培养条件不适宜也会加速玻璃化苗的发生,如光照时间过短或强度过低都会导致玻璃苗的出现。通过选用适宜的外植体材料和类型、选用适宜的碳源、调整培养基中无机盐或离子浓度、选用低浓度的 6 - BA 或者用 ZT 来替代 6 - BA、增加琼脂的用量或者使用一些水分胁迫剂（PVA）等措施可以很好地控制玻璃化苗的发生。

（三）组织培养快繁技术

1. 外植体的消毒

生长季节，选择生长健壮、洁净、无病虫害植株的幼嫩新梢，剪取 30～40 cm 的嫩梢，去掉叶片，留 2～3 mm 叶柄，装入保鲜袋中，用冰袋和干净的湿毛巾低温保存，立即带回实验室进行无菌化处理。首先用软毛刷蘸取肥皂液将附着于枝条上的尘土和其他黏着物刷洗干净，随后用自来水冲洗 30 min。将枝条截成单芽茎段，放入盛有无菌水的瓶中，带至无菌超净工作台上。在无菌超净工作台上，将放有单芽茎段瓶中的无菌水倒掉，用装有 70% 医用酒精的小喷壶将单芽茎段喷湿，约 30 s 后，将多余酒精倒掉，用 0.1% HgCl₂ 浸泡 5～10 min（依品种和材料的幼嫩程度及取材时间的不同适当调整浸泡时间），尔后将浸泡好的单芽茎段用无菌水冲洗 3 次。将单个单芽茎段取出，在无菌接种盘上用无菌滤纸吸干材料表面水分，将茎段两侧各剪去 0.3～0.5 cm，接种于启动培养基。

也可于早春剪取无病虫害生长健壮母树的 1 年生枝条，置 27 ℃温室内水培，每升水中加入 1/8 MS 和 5 g 蔗糖诱导幼芽萌发，每 5 d 换水 1 次，待芽长 1.5～2.0 cm 时，剪取嫩芽去掉大叶在自来水下冲洗 3～4 h，用 75% 酒精杀菌 10 s 后再用 0.1% 升汞灭菌 8 min，然后用含 50 mg/L 的无菌抗坏血酸溶液冲洗 3～4 次后用无菌纸吸干其上水分，接种到启动培养基。

以芽为外植体时的消毒方法。采集田间饱满、长势强的叶芽，使用手术剪将叶片除去后，用 75% 的酒精表面消毒 30 s，无菌水冲洗 3 次；0.05% 升汞处理 7 min，无菌水冲洗 3 次。在体视镜下（超净工作台中），使用 1 mL 注射器的针头剥取大小为 2 mm 的茎尖，接于启动培养基。

不同苹果砧木、不同取材时间和取材部位，对灭菌剂的种类、浓度和时间要求各异，需要试验确定。

2. 初代培养

初代培养的基本方法为：将接种好的材料放置在培养室内，1 周左右更换 1 次培养基或在同一培养基上移动下位置，预防褐化。培养 40 d 左右后，长高或形成丛生芽即可进行继代培养。培养期间，依培养材料不同给予培养室一定的光照、温度和光周期管理。如 Y-1 茎段、茎尖的初代培养，培养室中温度为（25±1）℃，光照强度为 3 000～4 000 lx，光/暗周期为 16 h/8 h。M9、M26 茎尖的初代培养，培养室内，温度为 25 ℃，光照度为 2 000 lx，光/暗周期为 12～14 h/12～8 h。SH6 微茎尖（2 mm）培养条件，培养箱中 25 ℃暗培养 7 d 后，转入 25 ℃、光/暗周期 16 h/8 h 条件下，培养 30 d，期间每 2 d 更换 1 次培养基，防止茎尖褐化。

按照配方配制培养基。苹果砧木的启动培养基大多以 MS 为基本培养基，每升添加琼脂 6 g 左右，蔗糖 30 g，再加入一定量的植物生长调节剂，调节 pH 至 5.8 左右，趁热分装于培养瓶中，置于灭菌锅 121 ℃灭菌 20 min。冷却后即可接种。

初代培养的目的是建立培养材料的无菌体系。有些品种类型的枝条很容易褐化，枝条内部含有较多的内生菌，建立无菌体系更困难，张庆田（2008）认为 M9 较 M26 更难建立无菌体系。余亮（2013）的研究证明了上述观点，相同取材部位、取材时间和消毒方法，M9 的接种成活率低于 M26。所以不同品种不同外植体材料所需的培养基不尽相同。如苹果矮化砧木 Y-1 茎段初代培养适宜的培养基为 MS＋BA 1.0 mg/L＋IBA 0.5 mg/L＋30 g/L 蔗糖＋6 g/L 琼脂；SH6 微茎尖初代培养基配方为 MS＋30 g/L 蔗糖＋5.2 g/L 琼脂，pH＝5.8；苹果抗寒矮化砧木 BP-176 的启动培养基为 1/2MS（1/2MS 大量元素）＋1 mg/L BA＋0.2 mg/L IBA＋30 g/L 蔗糖。对同一品种，由于不同研究者研究条件有别，得出的适宜培养基各异。如赵亮明等（2011）认为 M9 和 M26 水培嫩梢初代培养基配方为 MS＋6-BA 1.0 mg/L＋NAA 0.1 mg/L＋蔗糖 30 g/L＋琼脂 7 g/L＋500 mg/L 聚乙烯吡咯烷酮（PVP）；余亮的研究结果为 MS＋6-BA 1.0 mg/L＋NAA 0.5 mg/L＋琼脂 7 g/L＋蔗糖 30 g/L。

3. 继代培养

继代培养的基本方法为，在无菌条件下，将初代培养获得的丛生芽或植株从基部切开或切断，切割成 1.5 cm 左右的茎段接种到继代培养基上，依培养瓶大小每瓶接种 5～8 个茎段，大约 30 d 继代一次，扩繁到一定数量后进行生根培养。继代培养时的光温控制同初代培养。在继代培养过程中，若出现试管苗细弱、矮小、叶片展开状态不良等情况需进行壮苗培养，可采取适当降低细胞分裂素的浓度、增加糖量或者光照等措施复壮，为生根培养打好基础，以提高芽体的生根率和移栽成活率。

苹果砧木的继代培养基大多以 MS 为基本培养，但有研究表明，相同条件下，在 QL 基本培养基上的试管苗生长更好，能表现出该品种田间生长的特征。继代培养基的配方大多与启动培养基不同。如苹果矮化砧木 Y-1 的继代培养基为 MS＋BA 0.6 mg/L＋IBA 0.3 mg/L＋GA_3 0.5 mg/L＋30 g/L 蔗糖＋6 g/L 琼脂，相比初代培养细胞分裂素 BA 和生长素 IBA 的浓度都略有降低，而且还增加了赤霉素 GA_3；再如 SH6 的继代培养基为 MS＋6-BA 1.5 mg/L＋IBA 0.3 mg/L＋蔗糖 30 g/L＋琼脂粉 8 g/L，pH＝5.8，而且初代培养没有添加任何植物生长调节剂，琼脂也只用了 5.2 g/L，成分更简单且培养基硬度稍低；苹果抗寒矮化砧木 BP-176 的继代培养基为 QL＋BA 1.0 mg/L＋IBA 0.1 mg/L＋蔗糖 30 g/L，相比其初代培养，基本培养基和植物生长调节剂均做了调整。也有继代和初代培养使用同一种培养基的，如苹果抗寒矮化砧木 71-3-150 的继代培养基和初代培养基均为 MS＋6-BA 1.0 mg/L＋NAA 0.05 mg/L＋30 g/L 蔗糖＋6 g/L 琼脂。对同一种砧木，不同研究者的研究结果也不尽相同。如余亮（2013）和赵亮明等（2011）均认为 M9 和 M26 的适宜继代培养基为 MS＋6-BA 1.0 mg/L＋IBA 0.1 mg/L＋琼脂 7 g/L＋蔗糖 30 g/L；而张庆田（2008）研究认为，M9 适宜的继代培养基为改良 MS 培养基即 MS（NH_4NO_3 0.8 g/L，KNO_3 2.28 g/L）＋IBA 0.3 mg/L＋6-BA 0.6 mg/L＋蔗糖 30 g/L＋琼脂 8 g/L，M26 的为 MS＋6-BA 1.0 mg/L＋IBA 0.5 mg/L＋琼脂 8 g/L＋蔗糖 30 g/L。杨蕊（2013）研究表明：M26 和 M9 适宜的继代培养基分别为 MS＋6-BA 0.4 mg/L＋NAA 0.027 mg/L＋5.4 g/L＋蔗糖 40 g/L 和 MS＋6-BA 0.4 mg/L＋IBA 0.3 mg/L＋5.4 g/L＋蔗糖 40 g/L。王淼淼（2015）还对上代继代培养基对试管苗生根的影响进行了研究，认为对新品系 6 号（河北农业大学选育）而言，生根培养的上一代继代培养基为 MS＋6-BA 1.0 mg/L＋NAA 0.1 mg/L＋30 g/L 蔗糖＋6 g/L 琼脂时，试管苗生根率和生根数更高。

4. 生根培养

生根培养的基本方法为，在无菌条件下，选长势一致、生长健壮的继代苗，切取 2~3 cm 的茎尖或茎段，接种到生根培养基上，约 30 d 可形成根系，生根培养完成。培养环境条件基本同启动培养。也有研究者认为，前期给予一定时间的暗培养再转光下培养可显著提高生根率和单株生根数，更有利于试管苗的生根。

苹果砧木的生根培养基大多采用 1/2 MS 为基本培养。但也有用 1/2 QL 和 1/2 WPM 的，如孙清荣等（2014）研究认为，1/2 QL 较 1/2 MS 更适合作为 GM256 试管苗生根的基本培养基，张庆田（2008）认为改良 1/2 WPM（WPM 中的 K_2SO_4，1 188 mg/L）更适宜作为 M26 的生根基本培养基。对于生根培养基附加的蔗糖浓度，普遍认为继代培养基减半更适宜，如王国平等（2019）研究表明，苹果矮砧 Y-1 生根培养基为 1/2 MS＋IBA 1.0 mg/L＋15 g/L 蔗糖＋6 g/L 琼脂，较继代培养蔗糖浓度减半。也有研究表明生根培养基附加的蔗糖浓度同继代培养时相同或者略低对生根更有利，如余亮（2013）在 M9 和 M26 的生根培养时就使用了同继代培养时相同的蔗糖浓度；周莉（2018）研究表明添加 20 g/L 的蔗糖对 SH6 试管苗生根更为有利，蔗糖浓度为继代培养时的 2/3。对生根培养基中添加的植物生长调节剂种类和浓度因品种以及研究者的不同略有差异。如余亮（2013）研究表明，M9 和 M26 的生根培养基配方均为 1/2 MS＋IBA 0.3 mg/L＋NAA 0.1 mg/L＋30 g/L 蔗糖，杨蕊（2013）认为 M26 较好的生根培养基组分为 1/2 MS＋IBA 0.28 mg/L＋IAA 0.8 mg/L＋琼脂 5.4 g/L＋蔗糖 25 g/L；孙清荣（2014）试验表明苹果抗寒矮化砧木 BP-176 的最佳生根培养基为 1/2 MS＋IBA 0.3 mg/L＋蔗糖 20 g/L。为了促进试管苗生根，有人尝试添加更为复杂的成分，如褪黑素等，周荆（2018）研究表明 SH38 适宜生根培养基为 1/2 MS＋IBA 1.2 mg/L＋褪黑素 0.03 mg/L，SH40 适宜生根培养基为 1/2 MS＋IBA 1.3 mg/L＋褪黑素 0.03 mg/L。

5. 炼苗移栽

当试管苗根长达到 3 cm 左右、苗高达 3 cm 以上时开始炼苗。将装有生根苗的培养瓶拿到室内自然散射光下或温室中进行闭瓶炼苗，10 d 左右，去掉封口向培养瓶内注入约 1 cm 高的无菌水，预防污染，然后无盖继续炼苗 3 d，即可移栽。

将炼好的试管苗用镊子从培养瓶中取出，放入盛有自来水的敞口容器中，用镊子轻轻搅动，冲洗干净试管苗根部附着的培养基，将洗好的试管苗放入干净容器中，运到移苗大棚中进行移栽。移苗大棚内温度控制为白天 25～28 ℃、晚上 18～22 ℃，湿度 70％～90％，晴天上午 11：00 时到下午 3：00 应遮阴 70％。

移栽基质采用草炭、蛭石、珍珠岩等按一定比例混合，并用多菌灵 800 倍液润透灭菌，装入移苗盘（50 孔塑料穴盘），每穴移栽 1 株。整盘移栽好后，用水喷基质至穴底有水渗出即可。随即将栽好的穴盘苗搬到移苗大棚，再在其上搭设小拱棚保湿。而后每 3 d 喷透水 1 次，1 周开始放风，并开始每周喷 1 次营养液（0.5％的磷酸二氢钾和尿素 1∶1 混合液）促苗健壮生长。10 d 后逐渐揭掉小拱棚塑料膜，大约过渡 1 周可将穴盘移到室外。在室外第一周中午要适当遮阴，两周后苗叶色浓绿，叶面形成明显的蜡质层，即可将苗带基质移栽入大田定植，进行常规管理。

生根试管苗的驯化条件和方式以及移栽基质和移栽条件因品种和研究者略有差异。如周莉（2018）认为苹果砧木 M9、Mac9、B9、SH6、SH38、SH40 驯化移栽的适宜条件为：组培苗根长 3 cm 以上，根数 4 条以上，苗高 4 cm 以上，至少有 4 片叶子的壮苗；先闭瓶炼苗 6 d，再开瓶炼苗 3～6 d，以 3/5 田间土＋2/5 蛭石为基质，移栽成活率最高，分别达到 76.6％、82.2％、77.5％、77.2％、68％、70.1％。张秀英等（2022）认为 M26 脱毒组培苗驯化条件为：根系长度为 1～2 cm 且带有侧根；在简易大棚内闭棚和覆遮阳网炼苗 7 d，炼苗期间，棚内夜间最低温度 16 ℃，白天最高达 38 ℃，相对湿度为 40％～90％。选择高度一致、每株叶片数≥6 片、3 条根以上、叶色嫩绿的小苗，定植到装有椰糠、泥炭、珍珠岩（1∶2∶1）混配基质的营养钵（15 cm×15 cm）中，同时浇足定根水。移栽后闭棚，保证棚内温度达 20～30 ℃，相对湿度在 90％以上，同时视苗木生长情况不定时喷水，保持移栽苗的叶片湿润，从而提高移栽成活率。如遇 30 ℃以上的高温天气，用遮阳网进行适当遮光，防止日灼。移栽 7 d 后移除大棚薄膜，进入常规管理，每 10 d 喷施 1 次 0.1％尿素。60 d 后成活率高达 88％

下面列出几种常见苹果砧木的组培快繁培养基配方（表 3-3）。

矮化自根砧组培快繁技术体系流程：选择适宜外植体—建立无菌体系—试管苗扩繁（继代培养）—生根培养—生根试管苗温室炼苗—温室过渡移栽—移入大田—田间管理。

表 3-3 几种常见苹果砧木的组培快繁培养基配方

砧木类型	外植体	初代	继代	生根	研究者
Y-1	幼嫩茎段	JMS+BA 1.0 mg/L+IBA 0.5 mg/L+30 g/L 蔗糖+6 g/L 琼脂	MS+BA 0.6 mg/L+IBA 0.3 mg/L+GA$_3$ 0.5 mg/L+30 g/L 蔗糖+6 g/L 琼脂	1/2 MS+IBA 1.0 mg/L+15 g/L 蔗糖+6 g/L 琼脂	王国平，2019
T337	茎尖	MS+6-BA 0.8 mg/L+NAA 0.4 mg/L	MS+BA 1.0 mg/L+NAA 0.5 mg/L	1/3 MS+IBA 0.1 mg/L	王艳芳等，2024
M9, M26	茎尖	MS+6-BA 1.0 mg/L+NAA 0.1 mg/L	MS+6-BA 1.0 mg/L+IBA 0.1 mg/L+琼脂 7 g/L+蔗糖 30 g/L	1/2 MS+IBA 0.3 mg/L+NAA 0.1 mg/L+30 g/L 蔗糖	赵亮明等，2011 余亮
M26	茎尖	MS+6-BA 1.0 mg/L+NAA 0.025 mg/L+蔗糖 30 mg/L+琼脂 6.5 mg/L, pH5.8	MS+6-BA 0.5 mg/L+NAA 0.05 mg/L+蔗糖 40 mg/L+琼脂 6.5 mg/L, pH5.8	1/2 WPM+IAA 0.5 mg/L+IBA 0.5 mg/L+蔗糖 25 mg/L+琼脂 6.5 mg/L, pH5.8	成思琼等，2020
M9T337	茎尖	MS+6-BA 1.0 mg/L+IBA 0.5 mg/L; 蔗糖 30 mg/L+琼脂 6.5 mg/L, pH 5.8	MS+6-BA 0.5 mg/L+IBA 0.5 mg/L+蔗糖 40 mg/L+琼脂 6.5 mg/L, pH5.8		
M9			MS+6-BA 0.6 mg/L+IBA 0.5 mg/L	1/2 MS+IBA 1.2 mg/L	
Mac9	茎尖	MS+6-BA 1.0 mg/L+IBA 0.5 mg/L	MS+6-BA 0.8 mg/L+IBA 0.5 mg/L	1/2 MS+IBA 1.3 mg/L+褪黑素 0.03 mg/L	周莉，2018
B9			MS+6-BA 1.0 mg/L+IBA 0.5 mg/L	1/2 MS+IBA 1.0 mg/L+褪黑素 0.03 mg/L	

（续）

砧木类型	外植体	初代	继代	生根	研究者
SH6			MS＋6-BA 1.0 mg/L＋IBA 0.1 mg/L	1/2 MS＋IBA 1.4 mg/L＋褪黑素 0.03 mg/L	
SH38	茎尖	MS＋6-BA 0.5 mg/L＋IBA 0.5 mg/L	MS＋6-BA 0.6 mg/L＋IBA 0.1 mg/L	1/2 MS＋IBA 1.2 mg/L＋褪黑素 0.03 mg/L	周莉，2018
SH40			MS＋6-BA 0.8 mg/L＋IBA 0.1 mg/L	1/2 MS＋IBA 1.3 mg/L＋褪黑素 0.03 mg/L	
B9	顶芽	MS＋6-BA 0.7mg/L＋IBA 0.1mg/L＋GA$_3$ 1.0 mg/L	改良 MS（NH$_4$NO$_3$ 和 KNO$_3$ 减半）＋6-BA 0 mg/L＋KT 0.5 mg/L＋GA$_3$ 1.0 mg/L＋蔗糖 30 g/L＋琼脂 7 g/L	WPM＋IBA 1.2 mg/L＋蔗糖 20 g/L＋琼脂 7 g/L	王婷婷等，2019
G935	半木质单芽茎段	MS＋6-BA 0.5 mg/L＋IBA 0.1 mg/L＋GA$_3$ 0.3 mg/L	MS＋6-BA 0.5 mg/L＋IBA 0.1 mg/L	1/2 MS＋IBA 0.2 mg/L	孙清荣等，2021
GM256	茎尖	MS＋BA 2 mg/L＋NAA 0.1 mg/L	MS＋BA 3.0 mg/L＋0.05 mg/L NAA	1/2 MS＋0.5 mg/L IBA	郑亚杰等，2008

（四）组织培养案例

1. 苹果矮化砧木 Y-1 的组培快繁技术

（1）外植体的消毒和启动培养

5月初，选取生长健壮 Y-1 母株的 1 年生枝条，剪取 30～40 cm 嫩梢，保留 2～3 mm 的叶柄去掉叶片，装入保鲜袋中用冰袋和干净的湿毛巾低温保存，立即带回组培室用小刷子蘸取肥皂液刷洗并用自来水冲洗 30 min。将处理好的枝条截成单芽茎段，放入盛有无菌水的瓶中，带至无菌超净工作台上。在无菌超净工作台上，将放有单芽茎段瓶中的无菌水倒掉，先用 75%酒精处理 30 s，倒掉酒精，再用 0.1% HgCl$_2$ 浸泡 5 min。然后用无菌水冲洗 3 次，置于放置无菌滤纸的无菌接种盘上吸干材料表面水分，剪去茎段两侧各 0.3～0.5 cm 后，接种于初代培养基 MS＋6 - BA 1.0 mg/L＋IBA 0.5 mg/L＋蔗糖 30 g/L＋琼脂 6 g/L，pH5.8，进行启动培养。

培养条件：培养室中温度为 24～26 ℃，光照强度为 3 000～4 000 lx，光/暗周期为 16 h/8 h 培养。培养 20～25 d，芽萌发长约 2～3 cm 时即可进行继代。

（2）继代和生根培养

继代和生根培养的培养条件同初代培养。

于超净工作台上，从基部剪下试管苗，转接到继代培养基上进行增殖培养。继代培养基为 MS＋BA 0.6 mg/L＋IBA 0.3 mg/L＋GA$_3$ 0.5 mg/L＋30 g/L 蔗糖＋6 g/L 琼脂，pH 为 5.8。在继代培养基中生长 25 d 左右，试管苗伸长、分蘖成芽丛时切割成 1.5 cm 左右的嫩梢继续继代。连续继代 5 次后，选择高 2 cm 以上的壮苗进行生根培养，一部分材料继续继代培养。

生根培养基 1/2 MS＋IBA 1.0 mg/L＋蔗糖 15 g/L＋琼脂 6 g/L，pH 为 5.8。培养 20 d 时，根长达 0.5～1.0 cm，且每株有 3 条根及以上的，即可进行炼苗。

（3）炼苗和移栽

将装有生根苗的培养瓶拿到室内自然散射光下进行闭瓶炼苗。10 d 时打开瓶盖，向瓶内注入 0.8 cm 高的无菌水，开盖炼苗 3 d 即可移栽。将炼好的试管苗用镊子从培养瓶中取出，放入盛有自来水的敞口玻璃杯中，用镊子轻轻搅动，将根部附着的培养基与根分离，反复冲洗 3 次，将洗好的试管苗放入有盖的塑料箱中，运到移苗拱棚中进行过渡移栽。

移苗拱棚温度白天控制在 25～28 ℃，晚上 18～22 ℃，湿度控制在 70%～90%，晴天上午 11：00 至下午 3：00 遮阴 70%。移栽基质为草炭、蛭石、珍珠岩（1：1：1）混合基质，用多菌灵 800 倍液灭菌，装入 50 孔塑料移苗盘，每孔移栽 1 株试管苗。整盘移栽好后，用水喷透基质，穴底有水渗出即可。将移栽好的穴盘苗搬到移苗拱棚内，再搭小拱棚保湿。每 3 d 喷透水 1 次，1 周开始放风，并开始喷营养液（0.5% 的磷酸二氢钾和尿素按质量比 1：1 配制的混合液），每周 1 次。移栽 10 d 可以揭掉小拱棚塑料布。过 1 周将穴盘移到室外炼苗。在室外第 1 周，中午要适当遮阴，两周后即可移栽大田，进行常规管理，约 3 个月可生长为能够嫁接品种的合格自根砧苗（图 3 - 2）。

图 3-2 苹果矮化砧木 Y-1 的组培快繁简要流程示意
A. 继代培养 B. 生根培养 C. 试管苗生根状 D. 闭瓶炼苗 E. 开瓶炼苗 F. 棚内移栽 G. 棚内炼苗 H. 棚外炼苗 I. 移栽至大田 J. 大田生长状

（王国平 供图）

采用此方法，Y-1苹果矮化砧木初培萌发率达75%，试管嫩茎继代增殖4～5倍，生根率达85%以上，移栽成活率达到90%。

2. T337 组培快繁技术

（1）外植体的消毒和启动培养

4月下旬至5月上旬，于砧木采穗圃，选择生长良好且没有病害的健康枝条的新梢，用消毒后的工具剪取4 cm左右的嫩梢，置于装有自来水的容器中，加入少许洗衣粉轻摇洗涤后，在容器口盖上双层纱布，用自来水冲洗约30 min。尔后在超净台上用75%酒精洗涤30 s，再用0.1% HgCl₂消毒10 min，用无菌水洗涤3次，切掉变褐损伤部分接种于初代培养基（MS＋6-BA 1.0 mg/L＋NAA 0.1 mg/L＋蔗糖30 g/L＋琼脂7.0 g/L）上。外植体先在黑暗条件下培养7 d。期间发现褐变随即转入新鲜培养基中。7 d后转入光下培养，光照强度1 500～2 000 lx，温度23～27℃，照射14 h。

（2）继代和生根

将丛生芽分别切成单个的芽苗接种到增殖培养基（MS＋6-BA 0.5 mg/L＋NAA 0.1 mg/L＋蔗糖30 g/L＋琼脂7.0 g/L）中进行扩繁，依瓶大小每瓶接种3～10株。培养条件为：光照强度2 000～3 000 lx，温度（25±2）℃，照射14 h。每隔30 d转接1次，直至数量达到生产要求。

选择株高1.5～2.0 cm的健壮小苗转接至生根培养基（1/2 MS＋IBA 0.5 mg/L＋NAA 0.3 mg/L）诱导根系，依瓶大小每瓶接种3～10株。先在（25±2）℃的暗条件培养6～8 d，然后转入光照强度2 000～3 000 lx，温度（25±2）℃，照射12 h的条件下培养。10～15 d当试管苗基部有白色根点生成时即可进行炼苗。

（3）炼苗和移栽

将生根试管苗移到室外遮阴棚或温室中进行强光闭瓶炼苗7～10 d，然后打开瓶口炼苗3～5 d。具体方法为：试管苗不定根长度大于0.5 cm时，搬到驯化温室分散放置于苗床上，温度应保持在24℃左右（温差应低于5℃），光强由5 000 lx逐步提高到13 000 lx。闭瓶炼苗10～15 d，试管苗变为深绿色、叶片大而厚、根系粗壮、茎干变硬时即可开始开瓶炼苗。开口炼苗时先旋盖通气，约4 d，当叶片变得更加厚实、颜色更绿时，揭掉瓶盖，用0.1%CaCl₂溶液每天喷洒3次左右，并用挡光板遮挡阳光，控制光强在4 000 lx左右，开口炼苗5 d，瓶内的试管苗生长快，颜色逐渐加深，这时就可以进行过渡移栽了。

过渡移栽是将炼苗成活的试管苗移栽至营养钵或穴盘中。从瓶内取出试管苗，冲洗干净根部的培养基，用多菌灵溶液浸泡 5 min 后移入预先装好基质的营养钵或者穴盘里。基质由 1/3 蛭石、2/3 自制基质混合配制而成，用 25％的多菌灵 1 000 倍液浇透杀菌保湿。移栽后立即喷水雾，一周之内需要遮盖塑料膜，控制温度在 20～25 ℃、湿度 80％～90％、光强为 8 000 lx 左右，一周后逐渐使其适应外界环境条件。移栽后每周喷 1 次多菌灵溶液，可与生物杀菌剂交替使用。15 d 后，主要是壮苗管理，按常规苗管理即可。

过渡移栽 2 个月左右，当植株幼苗高 7～10 cm、有 3～5 个新叶时，就可以移栽至露地。大田移栽前还需要室外锻炼一周左右再移栽。栽时将营养土和小苗一块倒出，按规划好的株行距带基质栽植，栽后浇灌大水。大田移栽适宜时间为 4～5 月和 9～10 月，移栽成活率高。

主要参考文献

NY/T 1085－2006，苹果苗木繁育技术规程［S］. 2006.

O B Hansen，吴邦良. 用嫩枝扦插法快速生产苹果砧木［J］. 国外农学（果树），1991（1）：9－12.

DB13/T 2334－2016，矮化中间砧苗培育技术规程［S］. 2016.

白效令，续美丽. 武乡海棠的根插繁殖［J］. 山西果树，1981（4）：10.

蔡祖国，符树根，黄宝祥，等，2005. 植物组织培养中玻璃化现象的研究进展［J］. 江西林业科技（2）：35－38.

曹孜义，齐与，1990. 葡萄组织培养基应用［M］. 北京：高等教育出版社.

查仁明，2001. 苹果属植物组织培养快速繁殖技术［J］. 青海农林科技（1）：58－59＋65.

陈东玫，贾林光，王英杰，2022. 利用育苗块提高苹果实生苗育种效率的一套方法［J］. 河北果树（2）：57.

陈冉冉，周涛，2019. 苹果矮化砧木系 SH6 茎尖外植体无菌体系建立与组培扩繁探究［J］. 中国植保导刊，39（11）：62－63＋90.

成思琼，颜盟，梁彬，等，2020. 苹果砧木 M26 和 M9－T337 组培快繁体系的建立［J］. 陕西农业科学，66（4）：31－35.

邓丰产，马锋旺，2012. 苹果矮化自根砧嫁接苗繁育技术研究［J］. 园艺学报，

39（7）：1353 - 1358.

杜学梅，高敬东，王骞，等，2024. 影响'红满堂'绿枝插条生根因子的研究 [J]. 山西农业大学学报（自然科学版），44（1）：43 - 52.

杜学梅，杨廷桢，高敬东，等，2019. 苹果扦插繁殖生根机理研究进展 [J]. 农学学报，9（12）：17 - 22.

付为国，韦晨，王醒，2019. 苹果属植物组织培养的研究进展 [J]. 分子植物育种，17（4）：1320 - 1325.

高美娜，赵清，孙明飞，等，2022. 绞缢对'冀砧2号'苹果矮化砧压条生根及相关生理指标的影响 [J]. 山东农业科学，54（2）：57 - 62.

高彦，杨新文，白海霞，等，2022. 八棱海棠实生砧木适宜性研究 [J]. 陕西农业科学，68（9）：62 - 65.

郭静，柴慈江，史燕山，等，2019. 苹果砧木 G.11 试管苗增殖与生根培养研究 [J]. 天津农学院学报，26（4）：38 - 42，48.

韩静，2015. 几种无性繁殖方式对苹果砧木生根的影响 [D]. 杨凌：西北农林科技大学.

韩秀清，2019. 苹果矮化砧 M9 - T337 组培快繁技术 [D]. 杨凌：西北农林科技大学.

韩秀清，梁建军，梁彬，2020. M9 - T337 苹果自根砧培育技术 [J]. 西北园艺（综合）（5）：30 - 33.

韩振海，2011. 苹果矮化密植栽培——理论与实践 [M]. 北京：科学出版社.

黄烈健，王鸿，2016. 林木植物组织培养及存在问题的研究进展 [J]. 林业科学研究，29（3）：464 - 471.

姜林，张翠玲，邵永春，等，1998. 国内外主要苹果新矮砧压条繁殖 [J]. 北方园艺（Z1）：117.

金泽升，三木信夫，奥野勇行，等，1980. 关于苹果矮化砧根段扦插繁殖的研究 [J]. 辽宁果树（Z1）：70 - 73.

贾稊，1984. 苹果矮化砧几种快速繁殖方法的研究 [J]. 山西农业大学学报（1）：76 - 78.

李海伟，艾治国，谷鸿飞，等，2010. 苹果矮化砧木 B9 嫩枝扦插试验 [J]. 河北果树（2）：4.

李浩，2021. 平邑甜茶的扦插繁殖技术体系建立及影响因素研究 [D]. 聊城：聊城大学.

李晓梅，黄军保，王新平，等，2015. 果树砧木穴盘育苗技术 [J]. 河北果树（1）：15 - 17.

李治，徐世彦，蔺福，等，2020. 苹果优良实生砧木吴起楸子播种繁育技术［J］. 果农之友（10）：31-33.

梁春莉，于立杰，2012. 平欧杂交榛子压条影响因素研究［J］. 北方园艺（3）：19-21.

梁建勇，李续荣，程小林，2019. 苹果矮化自根砧 M9T337 覆土法繁殖技术［J］. 果树实用技术与信息（12）：17-18.

刘新江，姚淑娟，高桂花，等，2013. 苹果砧木种子层积处理与春播管理技术［J］. 中国园艺文摘，29（4）：182＋190.

刘兴治，王国东，2006. 果树苗木繁殖技术［J］. 北方果树（5）：45-51.

聂佩显，薛晓敏，路超，等，2012. 矮化自根砧苹果苗繁育技术［J］. 河北农业科学，16（7）：45-47＋80.

牛自勉，李全，毕平. 苹果无性系砧木根插育苗技术［J］. 农业科技通讯，1990（9）：16.

彭兵，李金平，2006. 黄桑自然保护区天然阔叶林采种基地建设与经营措施［J］. 林业调查规划（3）：52-54.

DB37/T 3972-2020，苹果矮化砧木苗水平压条繁育技术规范［S］. 2020.

苹果根接扦插当年出圃［J］. 中国果树，1960（2）：10-13.

亓新海，亓军霞，段元宝，2022. 鲁中山区果树育苗技术［J］. 农业科技通讯（4）：299-302.

邱凯男，2022. 三种苹果属植物快繁及愈伤遗传转化体系的建立［D］. 北京：北京农学院.

桑伟巍，牛志刚，张丽，2011. 果树良种壮苗的培育技术［J］. 中国果菜（1）：38-39.

师校欣，高仪，马宝焜，1996. "首红"苹果茎尖培养及快速繁殖［J］. 植物生理学通讯（6）：42.

史莉，白芳芳，查振道，2012. 山荆子全光喷雾扦插育苗试验［J］. 陕西林业科技，2012（3）：49-51.

石家庄涵煦农业科技有限公司，2021. 一种苹果矮化自根砧 SH38 或 SH40 的规模化繁殖方法：中国，CN202010403869.6［P］.

孙洪雁，孙清荣，李国田，等，2014. 苹果矮化砧木'JM7'的组织培养及其离体叶片不定梢再生［J］. 植物生理学报，50（6）：779-784.

孙清荣，关秋竹，何平，等，2021. 苹果半矮化砧木 G.935 的离体快繁体系建立［J］. 山东农业科学，53（11）：16-20.

孙清荣，关秋竹，王海波，等，2019. 苹果抗寒矮化砧木'BP-176'的组织培养及其叶片不定梢诱导 [J]. 果树学报，36 (6)：812-818.

孙清荣，孙洪雁，李林光，等，2014. 苹果矮化砧 GM256 (Malus domestica Borkh) 高效快繁技术体系的建立 [J]. 中国农学通报，30 (7)：95-99.

孙尚伟，兰再平，刘俊琴，等，2015. 窄冠刺槐无性系根段扦插育苗研究 [J]. 林业科学研究，28 (3)：437-440.

索相敏，郝婕，刘铁铮，等，2017. 苹果杂种苗培育技术规程 [J]. 河北农业科学，21 (2)：36-38.

田利光，单玉佐，许孝瑞，等，2014. M9T337 矮化自根砧苹果苗木繁育技术 [J]. 烟台果树 (4)：25-27.

童庆年，2001. 影响植物组培成活率的几个关键因素 [J]. 中学生生物学，17 (6)：25-27.

王蒂，2004. 植物组织培养 [M]. 北京：中国农业出版社.

王国平，陈秋芳，樊新萍，等，2024. 'Y-1' 苹果矮化砧木扦插繁殖关键技术 [J]. 现代园艺，47 (1)：94-96.

王国平，樊新萍，刘伟，等，2019. 'Y-1' 苹果矮化砧木组织培养研究 [J]. 山西果树 (2)：1-2.

王国平，刘伟，史华平，等，2019. 'Y-1' 苹果矮化砧木初代培养 [J]. 绿色科技 (24)：53-55+58.

王甲威，魏海蓉，刘庆忠，等，2011. 苹果矮化砧木小金海棠嫩枝扦插研究初报 [J]. 落叶果树，43 (3)：4-5.

王甲威，张道辉，魏海蓉，等，2012. 苹果矮化砧木的硬枝扦插繁殖试验 [J]. 落叶果树，44 (4)：4-6.

王林军，王兆顺，周志卫，等，2016. 水平压条繁育苹果自根砧苗木技术要点（一）[J]. 果树实用技术与信息 (8)：15-18.

王林军，王兆顺，周志卫，等，2016. 水平压条繁育苹果自根砧苗木技术要点（二）[J]. 果树实用技术与信息 (9)：16-20.

王森森，2015. 几种新型苹果矮化砧木的组培快繁技术研究 [D]. 保定：河北农业大学.

王森森，马晓月，张学英，等，2014. 苹果矮化砧木新品系"矮砧6号"茎尖组培快繁研究 [J]. 北方园艺 (22)：102-104.

王荣，沈向，黄翠香，等，2012. 关于苹果砧木与自根砧快繁技术的综述 [J]. 天津农业科学，18 (3)：115-119.

王婷婷，胡春宏，常苹，等，2019. 苹果矮化砧木品种 Bud9 组织培养技术研究 [J]. 农业与技术，39 (19)：27-29.

王艳芳，樊霞，2024. 苹果矮化砧木 M9T337 组培快繁技术研究 [J]. 寒旱农业科学，3（2）：163 - 166.

韦红霞，郭韩玲，2012. 苹果母本园的建立与快繁技术研究 [J]. 烟台果树，118（2）：37 - 38.

吴学丽，2016. 三种苹果矮砧扦插生根影响因子的研究 [D]. 杨凌：西北农林科技大学.

西北农林科技大学，2014. 一种单行栽植快速繁育苹果矮化自根砧苗的方法：中国，CN201410098525.3 [P].

郗荣庭，2000. 果树栽培学总论 [M]. 3 版，北京：中国农业出版社.

肖祖飞，张艳珍，王忆，等，2013. 苹果砧木绿枝扦插快繁技术研究 [J]. 园艺学报，40（S）：2579.

杨丹丹，2021. 朝阳地区果树苗木繁育技术研究 [J]. 智慧农业导刊，1（16）：30 - 32.

杨蕊，2013. 几种苹果矮化砧自根砧苗繁殖技术的研究 [D]. 杨凌：西北农林科技大学.

杨雪，邢文会，刘春雷，等，2014. C17、K 培养基在小麦花药培养脱分化中的应用效果研究 [J]. 河南农业科学（9）：28 - 30.

余亮，2013. 苹果砧木 M9 和 M26 快繁体系的建立及移栽生理研究 [D]. 杨凌：西北农林科技大学.

张广仁，李广旭，张秀美，2015. 苹果砧木'辽砧 2 号'和 SH40 扦插技术研究 [J]. 北方果树（6）：7 - 9.

张庆田，2008. 几种苹果砧木组织培养技术的研究 [D]. 泰安：山东农业大学.

张秀美，李宝江，杨锋，等，2009. 苹果砧木绿枝扦插繁殖的研究 [J]. 中国果树（1）：22 - 25.

张秀英，鲁兴凯，程安富，等，2022. 基质对苹果砧木 M26 脱毒组培苗移栽成活率和生长的影响 [J]. 中国南方果树，51（5）：150 - 153.

赵亮明，王飞，韩明玉，等，2011. 苹果砧木组织培养与快繁技术研究 [J]. 西北农业学报，20（7）：118 - 122.

赵林，韩秀清，2019. 苹果压条繁育苗木技术 [J]. 果农之友（5）：4 - 5＋14.

郑亚杰，姚环宇，2008. 苹果矮化砧 GM256 组织培养与快繁技术研究 [J]. 吉林农业科学（1）：26 - 27＋32.

周莉，2018. 苹果矮化砧木离体培养和快繁体系建立与优化 [D]. 杨凌：西北农林科技大学.

第四章
矮化苹果苗木的繁育

第一节 嫁 接

嫁接是将优良品种的枝和芽接到另一植株的枝、干或根上，使之愈合成一个独立的新植株的过程。用嫁接方法繁育的苗木称为嫁接苗。用作嫁接的枝、芽称为接穗或接芽。承受接穗的部分称为砧木。

嫁接后的苗木成活与否的关键在于砧木和接穗能否相互密接产生愈伤组织，并进一步分化产生新的输导组织而相互连接。切取的接穗嫁接到砧木上以后，在愈伤激素刺激下接穗、砧木的接触面（伤口处）周围细胞及形成层细胞分裂旺盛，逐渐形成愈伤组织。砧木和接穗间的间隙被不断增加的愈伤组织填满，其薄壁细胞相互连接使二者的形成层逐渐连接起来。随后愈伤组织继续分化，向内形成新的木质部、向外形成新的韧皮部，其导管和筛管也逐渐联通。输导组织的联通，使水分和养分输送成为可能，使暂时破坏的平衡得以恢复，从而使接穗和砧木结合为一体形成新的植株。

一、影响嫁接成活的因素

（一）砧木和接穗的亲和力

亲和力是指砧木和接穗经过嫁接是否能够愈合成活和正常生长结果的能力或者砧木和接穗嫁接后在内部组织结构、生理和遗传特性方面差异程度的大小。亲和力是影响嫁接成活的关键因素。接穗和砧木的内部组织结构、遗传和生理特性越相近，其亲和力越强，嫁接愈合性越好，成活率越高，生长发育越正常；差异越大，亲和力越弱，嫁接成活的可能性越小。亲和力的强弱与植物亲缘关系的远近有关。一般规律是亲缘关系越近，亲和力越强。同品种或同种间的亲和力最强，嫁接最容易成活。

（二）砧木与接穗的质量

砧穗的愈合过程需要双方储藏充足的营养物质，以利于双方形成层的正常分裂愈合。接穗与砧木储藏养分较多的，一般容易成活。在生长期间，砧木与接穗两者木质化程度愈高，在同一温、湿度条件下嫁接越容易成活。因此，嫁接时宜选用组织充实、储藏营养丰富的枝条作接穗，在一个接穗上也宜选用充实部位的饱满芽或枝段进行嫁接。

（三）环境条件

温度、湿度、光照、空气等条件均会影响嫁接的成败。温度与砧木和接穗的分生组织活动程度密切相关，温度低时愈伤组织形成缓慢，过高时穗芽萌发也不利于愈合，苹果形成愈伤组织的适宜温度为 22 ℃左右，低于 5 ℃愈伤组织形成很少，超过 32 ℃愈伤组织发生并可引起细胞受损，超过 40 ℃愈伤组织死亡。湿度也会影响愈伤组织的形成，在愈伤组织表面保持一层水膜（饱和湿度），对愈伤组织的形成有促进作用。苹果接穗切面形成愈伤组织的适宜相对湿度为 95％～100％，用塑料薄膜包扎或蜡封接穗均可以达到保湿的目的，为伤口愈合创造有利条件。愈伤组织的形成是通过细胞的分裂和生长完成的，在这个过程中氧气也起着举足轻重的作用。此外，强光直射能抑制愈伤组织的产生，黑暗则对愈伤组织的形成有促进作用。因此冬季室内嫁接好的苗木应做避光处理。

（四）嫁接技术

嫁接成活率既与嫁接方法有关，更与技术熟练程度、天气、嫁接时间等因素密切相关。正常和熟练的嫁接技术是嫁接成活的重要条件。嫁接技术是否娴熟直接影响接口切削的平滑程度和嫁接速度，从而影响嫁接成活率。为提高嫁接成活率，要掌握好"快、平、齐、紧、严"五点。即操作速度要快，迅速准确；接穗、砧木削面要平滑；砧木和接穗的形成层要对齐；接口绑扎要紧；封口要严。具体操作时要选择适宜的技术方法，并把握合适的嫁接时机。

（五）嫁接的极性

愈伤组织具有明显的极性，砧木和接穗双方愈伤组织的极性可影响接合部正常生长。任何砧木和接穗都有形态上的顶端和基端，愈伤组织最初发生在基端部分，这种特性称为垂直极性。嫁接时，接穗的形态基端应插入砧木的形态顶端部分（异极嫁接），以确保嫁接成活和正常生长。有时同极嫁接虽然也能愈合并存活一段时期，但接穗通常不能正常生长。如 T 形芽接时，接芽倒接也能永久成活。开始时芽向下生长，以后新梢弯曲向上生长，这时接芽片的形成层仍能继续生长，但从形成层分化出来的导管和筛管却呈扭曲结构，致使水分和养分不能顺畅流通造成穗芽生长缓慢，成花过早而导致树体早衰。所以嫁接时必须注意砧穗的极性问题。

二、嫁接方法

生产中果树嫁接的方法和方式多种多样，有芽接法、枝接法、茎尖（微茎尖）嫁接法和根接法等。苹果育苗常用的嫁接方法主要是芽接法和枝接法。

（一）嫁接工具

嫁接方法不同需要的工具也不同。芽接需要芽接刀、修枝剪。枝接需要手锯、修枝剪、劈接刀、切接刀、枝接刀或电工刀等。刀锯一定要锋利，才能使削、截面平滑，利于愈合。包扎材料一般用塑料薄膜，其薄而柔软具有弹性和拉力，能绑紧包严，透光而不透气和水，保湿保温性能良好。

（二）嫁接时期

在我国北方地区，春、夏、秋季均可进行嫁接。春季多采用枝接和带木质部芽接，以当地苹果树树液开始流动至展叶期进行为宜，多在 3 月下旬至 4 月中、下旬。夏季和秋季多采用芽接，夏季于 6 月上旬至 7 月初进行；秋季于 8 月下旬至 9 月中旬进行，秋季嫁接的当年不进行剪砧和松绑，待越冬后在第二年春季萌芽前进行。嫁接的具体时间因品种和地理位置不同而存在差异。

（三）苹果育苗常用嫁接方法

1. 芽接

芽接是以芽片为接穗的嫁接繁殖方法，依芽片是否带木质部分为不带木质部芽接和带木质部芽接。芽接法嫁接时间长，操作简单，成活率高，是苹果苗木繁育最为常用的方法。

（1）T形芽接

T形芽接（不带木质芽接）又称"盾片"芽接，是芽接中应用最广的一种方法。多用于1年生砧木苗嫁接品种，在砧木及接穗离皮时进行。春、夏、秋三季均可进行，以夏、秋为主。一般春季在谷雨前后枝条离皮时，夏季在夏至前后，秋季在立秋前后。春季芽接接穗用上年生枝条中下部未萌发的芽，夏季用当年发出的长梢中下部成熟的芽，秋季用当年新梢上成熟的芽。夏秋采穗后剪留叶柄0.5～1.0 cm，用湿布包住，避免干燥。接穗最好随接随取。具体操作图解见图4-1。

①削芽片。一手握住接穗（顺拿、倒拿均可），另一只手拿芽接刀，先在被取芽上方0.5～1 cm处横切一刀，深达木质部，宽度为接穗粗度的1/3左右，然后从芽的下方1～1.5 cm处用右手拇指压住刀背，斜削入木质部，由浅入深向上推深达木质部1/3为止。芽接刀将近横切口时，再缓慢上推达横切口，至纵切口与横切相遇。用拿刀的手的拇指和食指捏住接芽两侧，轻轻一掰，即可取下盾形芽片（芽片长1.5～2.5 cm，不带木质部）。

②切砧木。在砧木苗基部离地面5～10 cm处选择光滑的一面，用芽接刀切一个T字形切口，方法是先横切一刀，宽1 cm左右，再从横切口中间的下边用芽接刀上的牛角刃往下竖切一刀，长1.5 cm左右，深度以切断皮层不伤木质部为宜。

③插芽片。用刀尖或嫁接刀的骨柄将砧木切口皮层向左右一拨，微微撬开皮层，一手捏住削好的芽片左右两侧，芽片尖端紧随撬开砧木皮层的刀尖，迅速插入砧木皮层，紧贴木质部向下推进，直至芽片上方与T形横切口对齐。

④捆绑。用塑料条压茬一圈一圈缠绑，露出芽和叶柄，包扎严密伤口并捆绑紧固。

A　　　　B　　　　C　　　　D　　　　E　　　　F

图4-1 T形芽接

A、B. 削芽片 C、D. 取芽片 E、F. 芽片 G. 横切 H. 竖切

I、J、K. 插芽片 L、M. 捆绑

（2）嵌芽接

嵌芽接（带木质部芽接），不受砧木和接穗皮层需要同时离皮的限制，接穗、砧木都不离皮时可以采用，在春季和夏、秋季均可进行。具体操作图解见图4-2。

①削芽片。倒拿接穗，先在芽上方1.0～1.5 cm处用手指压住刀背向下斜削一刀，由浅至深向下推至木质部1/3为止，长2～3 cm，然后在芽下方0.8～1.5 cm处斜向上切削（呈30°角下斜）第二刀，成一短面，与芽上部的削面会合，两刀切口交叉后即可取下带木质的芽片。

②切砧木。选择砧木适当部位（一般离地面5～10 cm处）的光滑面，按切削芽片的方法，切去同样大小的砧片（切口可略大于芽片）。

③插芽片。将芽片迅速嵌入切口内，尽量使芽片与砧木切口完全对齐，如果砧木和接穗粗细不同，应确保接穗和砧木一边的形成层对齐。

④捆绑方法同T形芽接。

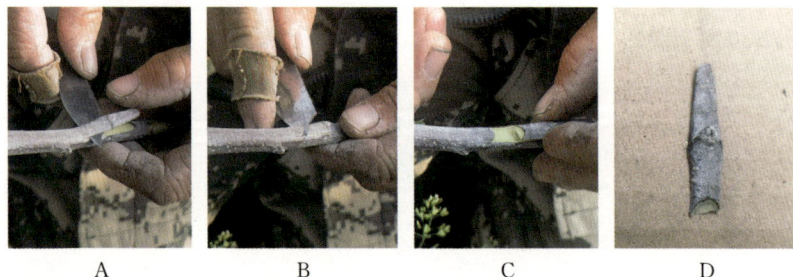

A　　　　　B　　　　　C　　　　　D

| E | F | G | H | I |

图 4-2　嵌芽接

A、B. 削芽片　C. 取芽片　D. 芽片　E、F. 削砧木　G、H. 插芽片　I. 捆绑

2. 枝接方法

枝接法是以枝段为接穗的嫁接繁殖方法。每接穗带有 1～3 个芽。操作技术较芽接法复杂，但是成活率高，嫁接苗生长快。在砧木较粗、砧穗处于休眠期而不易剥离皮层、幼树高接换优或利用坐地苗建园时，可采用枝接法。春季对上一年秋季芽接未成活的砧木进行补接也多用枝接法。枝接法便利之处还在于可以在室内嫁接，北方寒冷地区在落叶后将砧木与接穗贮于窖内，于冬季进行室内嫁接，春季栽到苗圃，方便快捷。依接穗的木质化程度分为硬枝嫁接和嫩枝嫁接。硬枝嫁接是用处于休眠期的完全木质化的发育枝为接穗，于砧木树液流动期至旺盛生长期前进行嫁接。嫩枝嫁接是以生长期中未木质化或半木质化的枝条为接穗，在生长期内进行嫁接。

一般而言，切接法适用于根颈 1～2 cm 粗的砧木坐地嫁接；劈接法的应用比较广泛，主要适用于较粗砧木或大树高接；插皮接和腹接法适用于较粗、皮层较厚的砧木；舌接法一般适用于砧径 1 cm 左右，并且砧木和接穗粗细大致相同的植物之间进行嫁接。苹果育苗常用的枝接方法有切接、劈接、舌接，并穿插应用插皮接和单芽切腹接。

（1）切接

①削接穗。切接所用的接穗一般长 5～8 cm，基部削成一长一短的两个对称削面，长削面 3 cm，短削面约 1 cm，留 2～3 个芽剪断。具体方法为：长削面与侧芽在同一侧面，削掉 1/3 以上的木质部，长 3 cm 左右；长削面削好后，在其对面削 1 个马蹄形短斜面，长度在 1 cm。

②切砧木。将砧木从距地面 10～20 cm 光滑处水平剪截，削平剪口。依据接穗的粗度，在砧木截面上选合适的位置，在木质部的边缘向

下直切，切口宽度与接穗直径相等，深达 3～4 cm 左右。

③插接穗。把接穗的长削面向里，插入砧木的切口内，并将接穗与砧木的形成层对准靠齐。如果接穗比较小，不能两边都对齐，至少要使一侧形成层对齐。接穗插入的深度以接穗削面上端露出 0.3 cm 左右为宜，俗称"露白"，这样可以使接穗露白处的愈伤组织和砧木横断面的愈伤组织相连接，有利于愈合成活。还可避免嫁接处出现疙瘩，影响嫁接植株的寿命。

④绑扎。用塑料绳将接口绑紧。要把劈缝和截口全都包严实，注意绑扎时不要碰动接穗。必要时可在接口处涂上石蜡或用疏松湿润的土壤覆盖，以减少水分蒸发，利于嫁接成活。

切接操作图解见图 4-3。

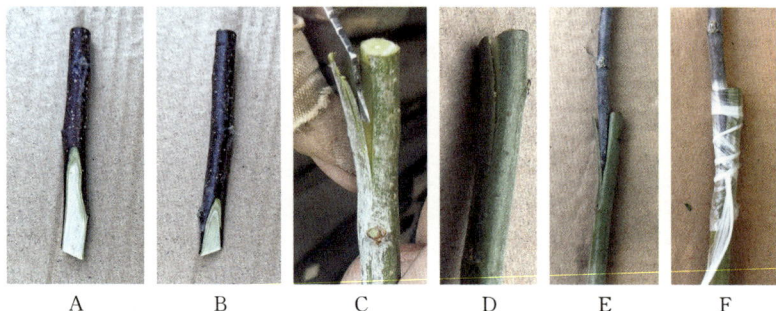

图 4-3　切接
A. 长削面　B. 短削面　C、D. 切砧木　E. 插接穗　F. 捆绑

（2）劈接

①削接穗。接穗保留 2～3 个芽，在距下部芽下方 0.5 cm 处的两侧分别削出两个大削面，长度均为 4 cm 左右，削面下部为楔形，一侧比另一侧稍厚，表面应平滑。削面在芽的两侧，形成一个"救命芽"。

②劈砧木。在砧木树皮比较光滑处，锯断砧木并削平锯口，用刀从中间垂直劈开，劈口深度与接穗削面长度相近，一般 3～4 cm。

③插接穗。用木楔把劈开的砧木切口撑开，把削好的接穗对准砧木韧皮部的形成层轻轻插入，使接穗与砧木的形成层对齐，并使接穗切口露出 0.3 cm 左右，称为露白。砧木较粗时也可同一劈口插入两个接穗。

④捆绑。轻轻抽出木楔，注意不要碰到接穗，要保持其正确位置，用塑料薄膜将接口包严。

劈接操作图解见图4-4。

图4-4　劈接

A. 接穗削面　B. 楔形接穗　C、D. 切砧木　E、F. 插接穗　G. 捆绑

（3）舌接

舌接又称双舌接，在苹果苗木繁育中主要用于同等粗度的砧木和接穗的室内嫁接（离体嫁接）。该方法接口处砧穗接触面积大，嫁接后在贮藏期接口便可愈合，春季就能栽植，嫁接成活率高（93%以上），节省了育苗时间，而且室内操作更为方便省力，加之可以充分利用冬闲时间，已被广泛应用在矮化自根砧苹果苗的繁育上。采用该方法要求砧穗粗度要达到0.5 cm以上。具体操作步骤图解见图4-5。

①削砧木。在砧木长度约42 cm处削出长3.5～4.5 cm的马耳形削

面，在削面上端 1/3 处垂直向下切一个约 2 cm 长的切口。

②削接穗。接穗与砧木削法相同。在接穗上用同样的方法削一个大小一致的削面，接穗留 2 个芽（注意避开枝条两端和春秋梢交接处的瘪芽），第一顶芽距剪口必须保持 1 cm，以防接芽抽干和蘸蜡时烧伤。

③插接穗。将砧穗大小削面对齐插入，直至完全吻合，两个舌片彼此夹紧。若砧穗粗度不等，至少要保证一侧形成层对准。

④包扎嫁接口。用塑封膜自下而上包严包紧嫁接口。

图 4-5　舌接
A. 接穗削面　B、C. 砧木削面　D. 插接穗　E. 包扎捆绑

（4）插皮接

插皮接又称皮下枝接。在砧木容易离皮时先剪断砧木，在砧木横断面边缘撬开皮层，将削好的接穗插入砧木的皮层与木质部之间的嫁接方法，适合用于砧木粗度超过 2.5 cm 的粗枝。该方法削面长，接触面大，有利于愈合，成活率高。具体操作步骤图解见图 4-6。

①削穗。插皮接所用接穗一般长 5～8 cm，基部削成一长一短对称的两个削面。一手握住穗条，一手握刀，在接穗下部削一个长 4～5 cm 的削面，轻刮背面的表皮，露出韧皮部；在长削面对面削一个马蹄形短削面，长度小于 1 cm，并轻刮背面的表皮，露出韧皮部，然后留 2～3 个芽剪断穗条。

②切砧木。将砧木从距地面 10～20 cm 光滑处水平剪截，削平剪口。在砧木断面的木质部边缘选光滑处向下直切一刀，长 5 cm 左右，

深达木质部。

③插接穗。将砧木皮向左边挑起、拉开。再将接穗长切面对准砧木嵌入拉开的皮缝内，并使一侧的形成层对齐，接穗切面高出砧木断面约0.3 cm，以利于砧穗的愈合生长。然后将砧木上被挑起的皮覆盖在接穗的短切面上。

④绑扎。用白色薄膜包严嫁接口及整个接穗，露出接芽。绑扎时自下而上、沿逆时针方向绑扎接穗，一定拉紧膜条，防止接穗移动。也可只绑扎嫁接口，穗条伤口涂抹伤口愈合剂保湿。

图4-6 插皮接
A、B. 削接穗 C. 插接穗 D. 接穗露白 E. 绑扎

（5）单芽切腹接

接穗削面的削取和砧木接口都是用锋利的剪刀完成的，嫁接速度快，成活率高，适合粗度细小的砧木苗和枝条。具体操作步骤图解见图4-7。

①削接穗。选饱满芽体1个，在芽下0.5 cm处的两侧用剪刀剪出平滑楔形面，长度约2.0 cm，芽体一侧稍厚，在芽上0.5 cm处剪断。

②剪砧木。在砧木离地20~25 cm光滑处斜向下剪砧，并在剪口的背侧（砧木剪口下方或剪口斜面顶端），用修枝剪与砧木中心干成30°~45°剪出切口，深至砧木1/3~1/2处，长度为2.0~2.5 cm。

③插接穗。剪切口的同时，用剪刀撬开切口，将接穗嵌入，对齐接

芽一侧的韧皮部。

④捆绑。用长、宽约为 30 cm 和 15 cm，厚度 0.008 mm 的农用白色地膜包扎。包扎时铺开地膜，在 1/4 膜长处的中心顶住接穗下压，一手固定，一手掌握力度，由下向上缠绕至顶端再返回，将芽体完全包裹在单层膜内，保证接穗上截面和芽体处的膜无破损。

图 4-7 单芽切腹接
A、B. 削接穗 C. 剪砧木 D. 插接穗 E. 捆绑

(四) 嫁接注意事项

1. 芽接

芽接要选在砧穗双方的皮层和木质部容易剥离时进行，俗称离皮时进行。过早取芽还未离皮，不仅取芽困难，也不利于接口愈合；过晚接芽当年萌发，生长时间短，木质化程度低，难以越冬。穗条一定要选生长健壮、无病虫害、芽子饱满的营养枝，果枝和徒长枝均不宜做接穗。嫁接前一周可灌水以增强砧木形成层细胞的活跃度，使枝皮易于剥离；芽接后 2 周内不可灌水，以免水分过多影响接口愈合。操作要快、准、稳，绑缚要松紧适度，过紧影响接芽生长，过松不利于伤口愈合。要适时解绑，过早容易导致接芽四周裂开影响成活，过晚会形成勒痕影响嫁接苗生长。

2. 枝接

枝接时应注意选择适宜的嫁接部位，尽量选在砧木树皮光滑处嫁接，且砧木粗细尽量与接穗相近。切劈砧木掌握好力度，垂直切劈，注意不带入泥土。选择生长健壮、无病虫害、芽子饱满的营养枝做接穗，切削接穗时不可削得过薄，确保削面平整且长度适宜。接合时确保至少一侧形成层对齐，接穗削口不要完全插入砧木切口，应留 0.3 cm 左右在外，利于切口愈合。用塑料条包住切口及伤口并捆扎紧实，密封接穗促进愈合。

室内嫁接应注意嫁接完成后要封蜡、消毒和储藏好嫁接苗。封蜡前，将嫁接好的苗按砧木粗细分类。封蜡时，先将工业石蜡放在容器内加热熔化（电饭锅最好，可随时加热加蜡），待蜡温达到 90 ℃时，将接好的接穗顶部迅速在蜡液中蘸一下（1 s）并散开放置，注意蜡温不要过低或过高（要低于 100 ℃），过低蜡层厚，易脱落，过高则易烫伤接穗。封蜡后，将苗子每 100 株用绑扎带打成 1 捆，以捆为单位，将苗木根系浸入消毒液（如 800 倍液甲基托布津）中蘸 2～3 s。消毒后的苗垂直放在集装箱内，将苗子 30 cm 埋在锯末中，捆与捆之间用锯末填充，然后用农膜套住集装箱，入冷库贮藏（贮藏湿度接近 100%，温度 0～1 ℃最佳）。贮藏期间的管理与贮藏砧木和接穗相同，待春季栽植。

无论哪种嫁接方法都应注意嫁接速度要快，削接穗砧木与嫁接间隔时间不能过长。嫁接前应对嫁接室、嫁接人员和嫁接工具用 75% 的酒精严格消毒，嫁接期间最好每隔 1 h 对嫁接工具消毒 1 次。

三、嫁接后的管理

（一）检查成活和补接

一般嫁接后 15 d 左右即可检查是否成活，凡接芽新鲜、叶柄一触即落的表明已经成活。如果叶柄不能脱离并且变干，芽体变黑枯萎，则说明嫁接失败。对未成活芽要及时进行补接，过迟砧木不能离皮，影响成活。秋接后来不及补接的可于第二年春补接。

枝接的一般在枝接后 20～30 d 检查成活情况，接穗上的芽新鲜、饱满，或者已经萌动，接口处产生愈伤组织的即为成活；接穗干枯或发霉的则未成活。对于枝接未成活的，可等到砧木萌发新枝后，在夏季或者秋季采用芽接法进行补接。

（二）解缚

为了牢固接芽生长，解绑要晚，但也不能过晚，以免影响加粗生长和绑缚物陷入皮层，使接芽损伤。一般芽接成活的需在芽接成活15 d内解除绑缚物，以免因绑缚物对植株缠绕太紧，而影响营养的运输和生长。枝接成活的植株，一般在接后50 d左右，接合部已经生长牢固，新梢长到20～30 cm时解除绑缚物。8～10月嫁接的接芽则应等到翌年接芽萌发后解除绑条。

（三）剪砧、除萌、立支柱

一般上年秋季和当年春季嫁接的在春季萌芽前剪砧，当年夏季芽接的在接后15 d左右剪砧。剪砧可分一次进行或二次进行：一次剪砧是春季萌芽前，在接芽上部0.3～0.5 cm处剪断，剪口向接芽背面略微倾斜，以利于剪口愈合和接芽萌发生长。二次剪砧即第一次在接口以上20 cm左右处剪去砧木上部，留下的活桩用来扶缚新梢，待新梢木质化后，再将其剪去（剪去活桩为第二次剪砧）。为使接芽快速萌发生长，也可改用折砧处理，即在接合部上方2～3 cm处，刻伤砧木并将其折倒在接芽的背面，待接穗新梢木质化后再全部剪除。

芽接苗剪砧后，从砧木基部容易发出大量萌蘖。为避免萌蘖和接芽争夺养分、水分影响接芽抽生健壮枝条，须及时多次去除萌蘖。枝接苗萌发后，须选留一个健壮的新梢，其余从基部除去，并及时抹去砧芽，以确保接芽正常健壮生长。

在风大地区应对芽苗立支柱，一般新梢长到5～8 cm时（枝接的在新梢长到30 cm左右时）紧贴砧木立一小支柱，将新梢绑缚在支柱上，防风吹断还可保持苗木直立生长。

（四）土肥水管理

嫁接苗生长前期要加强肥水管理，不断中耕除草，使土壤疏松通气，促进苗木生长。5月底，结合灌水每亩施尿素10～15 kg或硫酸铵15～20 kg，在4～7月视天气情况浇水促进幼苗生长。为使苗木生长充实，一般在7月底之后应控制浇水次数和氮肥施入量，防止后期旺长，并适当增施磷肥、钾肥或于叶面喷施磷酸二氢钾，促进嫁接苗充实健壮，增强其抗寒性。同时注意防治病虫危害，保证苗木正常生长。

（五）病虫害防治

虫害主要是做好蚜虫、红蜘蛛、卷叶虫、金龟子等的防治。对蚜虫喷10%吡虫啉乳油3 000倍液防治。对红蜘蛛喷1.8%阿维菌素可湿性粉剂4 000倍液防治。对卷叶蛾在春夏季喷25%灭幼脲悬浮剂2 000倍液+4.5％高效氯氰菊酯乳油 1 500 倍液防治。对金龟子可在成虫发生期，树上喷 50％辛硫磷乳剂 1 000 倍液，或 20％氰戊菊酯乳剂 2 000 倍液防治。

病害主要是做好白粉病和斑点落叶病的防治。苹果白粉病可于发芽前喷洒 25％硫悬浮剂 250～300 倍液、3～5 波美度石硫合剂。春季于展叶初期（一般为 5～6 叶），喷 50％硫悬浮剂 400～500 倍液、20％三唑酮乳油 2 000 倍液、25％丙环唑乳油 3 000 倍液、6％乐必耕可湿性粉剂 1 000～1 500 倍液预防。苹果斑点落叶病主要发生在嫩叶上和嫩枝上，特别是展叶后 20 d 内的春梢嫩叶发病较重。发病后可选用下述药剂交替喷施防治：50％异菌脲可湿性粉剂 1 200～1 500 倍液、1：（2～3）：200 波尔多液、70％丙森锌可湿性粉剂 600～700 倍液、70％代森锰锌可湿性粉剂 600～800 倍液、80％代森锰锌可湿性粉剂 800 倍液、70％代森联水分散粒剂 600～700 倍液、10％苯醚甲环唑水分散粒剂 2 000～2 500 倍液、43％戊唑醇悬浮剂 5 000～6 000 倍液、10％多抗霉素可湿性粉剂 1 000～1 200 倍液等。

（六）埋土防寒

新嫁接的树苗因伤口初愈、抗逆性较弱，在冬季严寒干旱地区，为防止接芽受冻或抽条，封冻前应培土防寒。方法为培土至接芽以上 6～10 cm，以防冻害，春季解冻后应及时扒开，以免影响接芽的萌发。

第二节 苹果品种的选择

选择苹果品种应因地制宜。每一个品种均有其生长发育最佳（适宜）的环境条件（温度、湿度、降水量、海拔、土壤类型等），选择苹果品种应根据不同品种的生物学特性和当地的立地条件，依据适地适栽原则，根据市场需求，因地制宜选择适合当地发展的优良品种，力争做到优质化、多样化发展。繁育苹果苗木还应考虑砧穗亲和性、苗木主要销售地等，选择不同熟期、不同风味、不同用途、不同色泽的苹果优良品种，以满足市场需求。

一、苹果品种区域发展研究

我国自 20 世纪 50 年代开展有计划的苹果育种工作，已选育出 300

余个苹果品种，较具代表性的是我国红富士苹果品种的持续多代芽变选种，培育了"中国苹果"品牌。烟台果树所先后从长富2号等品种中选育出第3代品种烟富1～5号系列红色芽变品种，其中以烟富3表现最优；第4代品种是从烟富3中选育出着色性能更好的烟富8、烟富10及元富红等；第5代品种是山东、陕西、甘肃及河北等近几年从第2代长富2号等品种中选育出的烟富6、礼泉短富、成纪1号、天红2号、龙富、烟富7、沂源红及神富6号等红色双芽变优质短枝型苹果新品种。持续多代芽变选种促进了红富士苹果在我国的快速和持久发展。

目前我国主栽品种仍以红富士为主，占比约70%。这一方面是由于红富士晚熟、质优、耐贮，销售期长，而且持续多代的芽变选种，使红富士的果实着色、风味品质及生长结果习性等性状得到有效改良，红富士苹果不仅好看、好吃、好卖，而且好管。但这也形成了我国苹果生产红富士品种一品独大的局面，品种差异化程度低，早中晚熟比例失调，部分产区晚熟品种占比达90%以上且红富士品种数量过多，区域化特点不突出，同质化竞争激烈，不能满足消费市场多元化需求。陈学森等（2024）根据端牢水果盘子的需求，提出了中国苹果产业未来的品种结构优化调整方案，即将目前的优质、耐贮、晚熟红色芽变品种群从70%调整到50%，并且重点发展第4代的元富红、第5代的龙富等优质晚熟耐贮苹果红色芽变新品种群；另外50%发展红肉苹果及鲁丽、八仙早富、华硕、馨元萃、华红、华庆、华森、福九红、福星、瑞雪、瑞阳、瑞香红、秦脆、寒富等特色多样化品种，以满足市场对优质苹果的多样化需求，推动农民持续增收和乡村振兴。但要注重区域差异发展，如西南冷凉高地以早熟为主；黄土高原以晚熟、中晚熟为主；陕北山地和新疆以中熟、中晚熟为主；山东以早、中、晚搭配，以晚熟为主。具体到某一区域，应考虑当地的立地条件，选择适合当地的品种及砧穗组合，选择2～3个主栽品种，凸显区域特色品种特点和优势，合理配置熟期并适当发展特色品种，差异化发展，满足消费者多样化需求。

我国果树工作者对此进行了广泛深入的研究。

李军等（2022）通过调研分析，认为在辽宁省大连市的旅顺口区、金普新区、瓦房店市，葫芦岛市的绥中县，营口市的盖州南部的大苹果最适宜栽培区，应以栽培鲜食晚熟品种为主，适当发展中早熟和晚熟红色新品种；晚熟品种以烟富 3、秋富红、望山红等优系富士为主，适当发展岳冠等新品种，中早熟品种可发展岳艳、嘎啦、珊夏、凉香等。在葫芦岛市的兴城市、建昌县、南票区、连山区，锦州市的凌海市，营口市的盖州中北部，大连市的普兰店区，朝阳市的凌源南部和朝阳南部的大苹果适宜栽培区，国光、金冠等老品种栽培占比较大；建议在兴城、南票、连山、建昌、凌源、盖州等小气候条件较好的地区，可适当发展烟富 3、望山红等优系富士品种；大部分地区应重点发展嘎啦、珊夏、凉香、岳阳红、岳艳、岳冠等品种。在朝阳市的凌源中北部和朝阳中北部、喀喇沁左翼蒙古族自治县，锦州市的义县，阜新市的阜新蒙古族自治县的抗寒大苹果适栽区，应重点发展嘎啦、珊夏、寒富、岳阳红、岳艳、岳冠等优新品种，保留适当面积的金冠、国光等传统品种。

李芳红（2022）研究表明，宁夏的中卫沙坡头区、中宁县、青铜峡市、吴忠利通区以及银川灵武市等地区为嘎啦苹果的适宜生态区，青铜峡甘城子的红嘎啦苹果栽培综合品质表现最好；中卫市、青铜峡市、吴忠市利通区以及灵武市的部分地区和海原北部边缘、同心西南部、兴庆区东部边缘以及盐池大部分地区，永宁西部地区为金冠苹果的生态适宜区，吴忠扁担沟的金冠（黄元帅）综合品质最好；红元帅苹果的生态适宜区分布范围与金冠适宜区基本一致，均集中在中卫市、青铜峡市、吴忠市和灵武市；还有零散分布在海原、同心、盐池的部分地区、银川的东西边缘地区；中卫市、青铜峡市、灵武市、吴忠市，还有同心西南部、红寺堡部分地区、盐池东西部等地区为宁冠苹果生态适宜区，青铜峡广武的宁冠苹果品质最优；中卫沙坡头区北部、中宁县中部、灵武市西部、吴忠利通区部分地区，还包括海原、同心、红寺堡、盐池的部分地区，彭阳最东部的边缘地区，永宁县的西部和兴庆区的东部边缘地区为秦冠苹果的生态适宜区，中宁渠口农场的秦冠苹果得分最高；中卫市、青铜峡市、吴忠市、灵武市，还有同心西南部、沙坡头北部、红寺堡部分地区、盐池大部分以及永宁、金凤区和兴庆区的大部分地区为红富士苹果的适宜生长区，中宁大战场的红富士品质最优。建议宁夏的苹果种植区往青铜峡、中卫市一带聚集。

苏桂林等（1999）建议山东省在包括烟台、青岛、威海三市，潍坊市的高密、昌邑、诸城的大部分，临沂市的莒南、临沭大部分，日照市的五莲县、东港区及莒县大部分的鲁东栽培区，应适当压缩富士面积，加快优系红富士、烟富1和烟富3等品种的推广，适当规模地发展藤牧1号、嘎啦、珊夏、新世界、乔纳金等早熟、中早熟、中晚熟红色新品种，建立优质苹果生产基地。在包括枣庄、菏泽两市地全部，临沂市的临沭、郯城、苍山、兰山等县（区）及济宁市的郊区、金乡、鱼台、邹城、嘉祥、微山、梁山等县（市、区）的鲁南栽培区，应适当加大优良品种藤牧1号、早捷、贝拉及嘎啦、珊夏等早熟品种的栽培面积，形成早熟苹果种的集中生产基地。在鲁中丘陵适宜区（包括平阴、长清、历城、章丘、博山、淄川、临淄等县（市、区）的南部，沂源、蒙阴、新泰三县市全部，平邑、费县、苍山、泰安市郊区及莱芜区的一部分）新红星、红富士、乔纳金、嘎啦等红色品种表现良好，可形成以沂源为中心的优质苹果生产基地；泰徂山地丘陵区的砂石低山区，重点发展无锈金帅、静香、陆澳、王林、岱绿等绿色品种，形成以泰安市为中心的优质绿色苹果生产基地；海拔相对较高的山地可栽植新红星等中熟红色品种，适当发展红富士等晚熟耐藏品种。沂蒙山丘陵区重点发展中熟及晚熟品种，形成以蒙阴为中心的中、晚熟苹果集中产地。鲁西北栽培区（包括聊城、德州两市全部，滨州市的惠民、滨州、博兴等县市的一部分，济南市的商河、济阳以及淄博市高青县北部）为中熟苹果品种的优势区。

郭珊珊等（2019）认为甘肃最适宜红富士苹果生长的地区在平凉、庆阳和陇南为代表的黄土高原丘陵沟壑区和陇南浅山区的气候类型区，最适宜金冠、新红星和乔纳金苹果优质生长区是以天水为中心的陇南浅山区和中部黄河流域地区。李凤龙（2022）研究表明，金世纪、红盖露、密歇嘎啦3个嘎啦优系，以及中熟品种华红在陇东地区发展潜力较大；爵士、岳阳红外观品质好，但口感偏酸，可小范围栽植；瑞阳、瑞雪、瑞香红、伊美4个晚熟品种综合栽植表现突出，在陇东地区有很大的发展潜力。李鹏鹏（2020）认为陇东西部的静宁应加大瑞雪、瑞阳、静宁1号、蜜脆、华硕等特色优势品种的推广，其中成纪1号和静宁1号可作为免套袋栽培品种推广；美国8号、华硕、太平洋嘎啦3个早熟品种，蜜脆、无锈金矮生2个中熟或中晚熟品种，瑞阳、烟富6号、瑞雪3个晚熟品种，表现适应性强、着色好、丰产，综合性状优良，可在甘肃陇东苹果产区推广种植。

李娅楠等（2021）分析研究了陕西省苹果栽培现状，认为陕西渭北南部苹果产区海拔相对较低，且交通便利，苹果产业发展早、基础好，结合当前栽培现状建议以栽植中晚熟和早中熟品种为主，适量发展地方特色品种，同时兼顾鲜食与加工兼用品种，实现品种多元化发展。早中熟品种可选嘎啦系、华硕、秦阳、鲁丽等，中晚熟品种可选秦月、蜜脆、新世界、美味等，晚熟品种可选瑞阳、瑞雪、瑞香红等，加工品种可选澳洲青苹、皮诺瓦、瑞丹、瑞林、鲁加系列等，建议早、中、晚熟苹果品种栽植比例为2∶3∶5；渭北中北部苹果产区是我国优势晚熟苹果品种生产的核心产区，应以发展鲜食苹果为主，适当发展加工品种，早中熟品种可选华硕、秦阳、嘎啦系、红盖露、鲁丽等，中晚熟苹果品种可选玉华早富、秦月、蜜脆、R7等，晚熟品种可选瑞阳、瑞雪、瑞香红、伊美、维纳斯黄金等，加工品种选用澳洲青苹、皮诺瓦等，建议早、中、晚熟苹果品种栽植比例应为1∶3∶6；陕北南部山地苹果产区，光照充足、昼夜温差大，应选择适宜当地栽植的新优富士品系，搭配一定的早熟富士、嘎啦系、维纳斯黄金、王林等品种，建议早、中、晚熟苹果品种栽植比例为1∶2∶7。吴会文等（2023）建议地处渭北西部的宝鸡市凤翔果区，苹果早中晚熟品种比例为15∶30∶55，其中北部高海拔地区突出晚熟产业带，以优系富士、瑞雪等晚熟品种为主，搭配发展二代蜜脆、美味、中秋王、红思尼可等中早熟和中晚熟品种；中南部低海拔地区发展早中熟产业带，以信浓红、米奇啦、红思尼可、鲁丽、魔笛、中秋王、九月奇迹等中早熟和中晚熟品种为主，搭配发展优系富士、瑞雪、瑞香红等中、晚熟品种。夏静等（2020）建议地处渭北旱塬地带的永寿县早熟品种可以侧重发展嘎啦系列，中熟品种以玉华早富为主，重点发展烟富、礼富等短枝型优系富士，适当发展澳洲青苹高酸为主的加工专用品种。阮班录等（2021）认为烟富8号、烟富10号在咸阳北部渭北旱塬表现良好，可以种植。李丙智等（2023）认为早熟品种红思尼克、巴克艾、美味，中熟品种福九红、长柄蜜脆，晚熟品种富金、瑞香红等7个苹果品种适宜在宝鸡及类似地区免套袋栽培。丁晓红等（2010）认为岩富10号、2001富士、寿富3个晚熟苹果品种在陕西绥德值得推广。鲁成等（2023）建议榆林南部丘陵沟壑区栽植苹果新品种可选烟富10、烟富6、响富、秦脆等4个中晚熟红色品种和维纳斯黄金、瑞雪等2个晚熟黄色品种。高明等（2023）建议延安果区在品种方面，每个县区主栽品种以2~3个为宜，延安南部以晚熟品种秦脆、瑞雪、瑞香红、阿珍富士和福布拉斯为主，适当搭配华硕、玉华早富、巴克艾、红思尼可、信浓金等；延安北部以秦脆、维纳斯黄金、瑞阳和华硕为主，适当搭配巴克艾、红思尼可、鸡心果等。

韩立新等（2019）通过区试观察和生产调查研究表明，在河南黄土高原苹果产区可发展的新优品种如下：熟期早一些的品种以华硕、秦阳、鲁丽为主，中熟品种以米奇拉、红钻、红盖露、金世纪、丽嘎啦及太平洋嘎啦为主。高海拔区域可积极发展条红型品种，低海拔区域可发展片红型品种。中晚熟及晚熟品种以秦脆、蜜脆、天汪1号和玉华早富等为主，适度发展秦蜜、红乔王子、锦绣红、红将军和望山红等品种。晚熟品种除2001、礼泉短富、福丽、烟富系列（3、6、8、10）等富士优系外，以粉红女士、瑞雪等为主，适度发展维纳斯黄金、瑞阳、爱妃等品种。其中粉红女士在海拔800 m区域发展优势更为明显。

杨英华等（2012）研究表明，长富2号、岩富10号、新世界、新红星这4个品种的综合性状较优，可作为冀南地区发展品种。段鹏伟等（2022）认为中幸、蜜脆、八月富士王，石富短枝、鲁丽、瑞雪和瑞阳等7个品种综合性状表现优良，均适宜在河北省石家庄地区及相同生态类型区推广种植。李建军等（2021）认为河北中南平原及相似区域低海拔地区选择品种首先应该考虑的是品种品质、成花是否容易、是否适合无袋栽培，而不是着色问题。因此，黄色品种和绿色品种应该是平原低海拔地区优先考虑的，富士系列品种要优先考虑短枝型品种。郭兴科等（2022）研究分析了世界一、王林、陆奥、斗南、弘前富士、昌红、烟富6的物候期、树体大小、果实品质，表明王林、弘前富士、昌红、烟富6在天津地区栽培表现好，陆奥适宜作为加工用品种，世界一和斗南不适合在天津大面积种植。

杨廷桢等（2010）建议，晋南平川优生区（主要包括运城的临猗县、芮城县、万荣县、平陆县、盐湖区、夏县，临汾的襄汾县、翼城县、尧都区、曲沃县）应早、中、晚熟品种合理搭配，大力发展绿色、有机苹果基地建设。晋南山区优质区（主要包括临汾的吉县、隰县、大宁县和乡宁县等）应重点发展以红富士优系为主的优质晚熟品种。晋中优生区（主要包括晋中市的榆次区、平遥县、太谷县和祁县等）重点发展元帅系优质中熟品种，适当发展苹果深加工品种。瑞雪、瑞香红是黄土高原地区优良的极晚熟品种。秦脆是优良的中晚熟品种。华硕、鲁丽是目前较好的早熟品种。

二、主要苹果品种介绍

一般依据品种成熟期早晚及果实发育期的长短，将苹果品种划分为早熟品种、中熟品种和晚熟品种，方便品种的区域布局和生产中推广应用。有些学者划分得更细一些，增加了中早熟、早中熟、中晚熟。如刘荣荣将 8 月 10 日前成熟的品种都归为早熟品种，8 月 15～27 日成熟的品种归为中熟品种，9 月 7～28 日成熟的品种归为中晚熟品种，10 月 18～27 日成熟的归为晚熟品种；彭德清等将果实成熟时间在 6 月 30 日至 8 月 10 日，果实生长时间为 90～135 d 的品种都划为中早熟品种。不同的研究者划分也有所差异。产地不同的同一品种果实成熟期和发育期略有差别。本书只做了粗略的划分，将 8 月底以前成熟的品种均归到早熟品种（果实发育期 110 d 左右），8 月底、9 月份成熟的归为中熟品种（果实发育期 140 d 左右），10 月份成熟的即为晚熟品种（果实发育期 170 d 左右）。目前红色品种比较受欢迎的早熟品种有鲁丽、华硕、嘎啦优系（如巴克艾、金世纪等）、秦夏等；中熟品种有蜜脆、早熟富士等；晚熟品种仍以富士为主，如富士冠军、阿珍富士、烟富系列、龙富短枝及秦脆等新优品种。黄色品种目前较受欢迎的有信浓黄（金）、威海金、瑞雪、秦玉等。

（一）早熟品种

1. 鲁丽

鲁丽是以藤牧 1 号为母本、皇家嘎啦为父本杂交选育出的苹果新品种，2017 年通过山东省林木品种审定委员会审定。果实近圆形或长圆形，果形指数 0.95，平均单果重 215.6 g。果面呈鲜红色，底色黄绿，色相片红，果面光滑，有蜡质，果点小。果梗中粗，梗洼深广、无锈。果心小，肉质细而硬脆，汁液多，甜酸适度，香气浓，品质上等。果实去皮硬度 9.2 kg/cm²，可溶性固形物含量 15.2%，可滴定酸含量 0.23%。果实成熟期早，在山东省泰安市，7 月下旬果实开始成熟，果实发育期 110 d 左右（图 4 - 8）。

图 4 - 8 鲁丽（山西太谷）

该品种早果早丰，以优质 M9T337 矮化自根砧苗建园，第 2 年开始结果，亩产量 500 kg 以上；第 3 年和第 4 年亩产量分别达 1 300 kg 左右和 2 500 kg 以上。以平邑甜茶和八棱海棠作砧木的果园，4 年生亩产量可达 1 000 kg 以上；5 年生亩产量可达 2 000 kg 以上。建议矮砧果园行株距采用（3.5～4.0）m×（1.0～1.5）m，乔砧果园行株距采用（4.0～5.0）m×（2.0～3.0）m；授粉品种以海棠（类）等为主，配置比例为（10～15）∶1。树形可选用纺锤形，亩产量控制在 3 000 kg 左右为宜。

该品种抗苹果炭疽病，对斑点落叶病、腐烂病及轮纹病也有一定抗性。生产中注意防治蚜虫和白粉病。适宜发展地区为山东的泰安、青岛、淄博、烟台、威海、济宁、临沂、东营等地区，河北的石家庄、保定、衡水、邯郸、廊坊、秦皇岛等地区，辽宁的营口、鞍山、葫芦岛等地区，河南的商丘、三门峡等地区，山西的运城地区，陕西的延安、咸阳、宝鸡、渭南等地区，甘肃的平凉、天水、庆阳等地区，新疆阿克苏、伊犁、喀什等地区。

2. 华硕

华硕是中国农业科学院郑州果树研究所采用美国 8 号为母本，华冠为父本杂交选育的早熟苹果新品种。果实近圆形，平均单果重 232 g。果实底色绿黄，果面着鲜红色，有光泽；果肉绿白色，肉质松脆，汁液多，可溶性固形物含量 12.8%，风味浓郁，品质上等。在郑州地区果实 7 月下旬上色、8 月初成熟，果实发育期 110 d 左右，成熟期比其母本美国 8 号晚 3～5 d、比嘎啦早 7～10 d，果实在室温下可贮藏 20 d，冷藏条件下可贮藏 2 个月（图 4-9）。

图 4-9　华硕（云南昭通）

该品种具有较好的早果性和丰产性，定植 4 年以后进入盛果期，每亩产量超过 2 000 kg；高接树第 2 年即可结果，3 年后进入盛果期。适宜采用 M26、U8、SH 系列矮化中间砧或 M9 矮化自根砧按株行距（1.5～2）m×（3～4）m 进行定植，采用细长纺锤形树形。若采用海棠等实生砧则以（2.5～3.5）m×（4～5）m 的株行距定植，采用自由纺锤形树形。授粉树配置比例为 1/8。适栽范围包括陕西、山西、河南、河北以及山东部分地区。

3. 巴克艾

巴克艾是美国由帝国嘎啦的枝变选育而成，于2015年从意大利引进我国。果实短圆锥形或圆形，果形端正，平均单果重180 g。果实深红色或具条纹，果面平滑具蜡质；果肉白或淡黄色，脆甜多汁，果实糖度比普通嘎啦高1%～2%。货架期长，在同一采收期，果实硬度比普通嘎啦高1～2 kg/cm²，耐贮性更好。生产中不套袋果着色更快更好，采收前果实着色面积可达90%以上，比普通嘎啦色泽更艳丽。

选用M9T337、M26等矮化自根砧建园，定植株行距1 m×3.5 m，盛果期亩产量可达5 000 kg以上。授粉树可选用金冠、富士、蜜脆或苹果专用授粉树。目前，在山东、甘肃、四川及陕西等地均有种植。

4. 金世纪

金世纪是皇家嘎啦浓红型芽变优系，从新西兰引入我国，2009年通过陕西省果树品种审定委员会审定。果实高桩，近圆形，平均单果重210 g；果面底色黄色，全面着鲜红色，具光泽，色泽艳丽；果肉黄白色，肉质致密，汁液多，风味酸甜，具香气，可溶性固形物含量14.2%，可滴定酸含量0.24%，品质佳。在渭北产区7月末至8月初果实成熟，果实生育期105 d左右；果实较耐贮藏，常温下可存放1个月，冷库（2～4℃）条件下可贮藏4～6个月。

该品种萌芽力强，萌芽率为51.6%，发枝力较弱，成枝率为4.4%；定植3年开始结果，以长果枝和腋花芽结果为主，成年后以短果枝和腋花芽结果为主，果台副梢抽生及连续结果能力为50%，坐果率高，自花结实率较高，丰产；无采前落果现象，成熟后1个月树上挂果不落。抗病、抗虫性强，高抗褐斑病，抗白粉病，较抗早期落叶病和腐烂病，虫害较少。适宜在陕西渭北地区海拔800～1 000 m的区域及类似生态区栽培。矮化栽培可采用（1.5～2.0）m×（3～4）m株行距；授粉品种可选用藤木1号、粉红女士、秦冠和富士等。树形可选择纺锤形或主干形。宜套袋栽培，易着色，采前1周摘叶转果，着色更佳。

5. 秦夏

秦夏是西北农林科技大学以秦冠为母本、蜜脆为父本杂交选育的早熟品种。果实近圆形，红色，果形端正，中果型，平均单果重205 g，最大292 g；果肉浅黄色、质地嫩脆、汁多、酸甜爽口，可溶性固形物含量为14.0%，可滴定酸含量为0.57%。6年生果园采用1.2 m×4.0 m株行距，高纺锤形树形，株产可达16.88 kg，亩产为2 342 kg，8月中下旬成熟，无采前落果现象。

该品种树姿开张，树势中庸偏弱，易成花，早果性和连续结果能力强。适宜在陕西苹果产区及相似生态区种植，可采用矮化自根砧、矮化中间砧或乔化栽培，对应株行距分别为（1.0～1.2）m×（3.5～4）m、（1.5～2.0）m×4.0 m、（2.5～3）m×5.0 m。授粉树按照12.5%～20%搭配，可选用嘎啦系、美味、皮诺娃等品种，也可配置海棠类专用授粉树。树形宜采用自由纺锤形或高纺锤形，幼树期修剪坚持轻剪长放多拉枝的原则，冬季修剪以轻剪为主，疏除竞争枝、过密枝、对生枝、徒长枝、病虫枝，夏季修剪主要做好拉枝、扭梢、捋枝等工作，控制徒长枝和密生枝、促进细弱枝健壮生长。结果期严格疏花疏果，合理负载，盛果期亩留果量1.4万至1.8万个。病害主要以预防白粉病为主，虫害重点以防治蚜虫为主。

（二）中熟品种

1. 蜜脆

蜜脆是美国明尼苏达大学园艺系以MACOUN品种为母本，HONEYGODL为父本杂交选育而成，1991年发表并命名为"HONEYCRISP"。2001年由西北农林科技大学园艺学院从美国明尼苏达大学园艺系引进，2006年通过陕西省果树品种审定委员会审定。果实圆锥形，果形指数0.88，平均单果重310～330 g；果实底色黄色，果面着鲜红色，条纹红，成熟后果面全红，色泽艳丽；果肉乳白色，口感微酸，甜酸可口，有蜂蜜味，质地极脆，汁液多，香气浓，口感好。果实采收时去皮硬度9.2 kg/cm^2，可溶性固形物含量15.03%，可滴定酸含量0.41%。在陕西渭北果实成熟期为8月底至9月上旬，果实生育期140 d左右，有采前落果现象。果实极耐贮，常温下可放3个月品质不变，红色不退。普通冷库（0～2℃）可贮藏7个月，贮后风味更好（图4-10）。

该品种树势中庸略强，树姿较开张，呈半圆形。萌芽率高，成枝力中等。以中短果枝结果为主，腋花芽较少，壮枝易成花芽，连续结果能力强，自花结实能力差。抗旱抗寒性强，但不耐瘠薄，适宜在肥力条件较好的土壤中栽培。抗病抗虫性强。强抗早期落叶病，抗蚜虫、叶螨和潜叶蛾。果实贮藏期易发生苦痘病。

矮化（品种/M26/基砧）或乔化（品种/基砧）栽培均可，矮化树株行距选用（1.5～3）m×4 m，乔化树株

图 4 - 10　蜜脆（山西太谷）

行距（3～4）m×（5～6）m，授粉树可选用富士系、嘎啦系、元帅系、藤牧 1 号等品种，按 12.5%～20% 搭配。树形宜用自由纺锤形或细长纺锤形。该品种果个大，丰产性强，应严格疏花疏果，合理负载，一般 5～7 个枝留一个果，或 25 cm 留边果，叶果比以 45∶1 为宜，盛果期亩留果量 1.2 万个左右。果实成熟期有轻度采前落果现象，应及时采收。

2. 红将军（红王将）

红将军是早熟富士的浓红型芽变，辽宁省果树科学研究所于 1992年从日本引入我国。果实长圆形，果形指数 0.9，平均单果重 250 g，果个整齐；不套袋果的色泽与红富士相当，果面鲜红，果肉橘黄色，质地松脆，多汁爽口，稍有香气；果肉硬度 9.6 kg/cm²，可滴定酸含量 0.32%，可溶性固形物含量 13.5%～15.9%，品质极上；果实成熟期比红富士提前 20 d左右，山东威海地区果实 9 月中旬成熟（图 4 - 11）。

图 4 - 11　红将军（山西太谷）

树体的抗寒性、抗病性强于红富士。苗木定植后第 3 年开始结果，第 5 年丰产。在环渤海地区，适宜的授粉品种为岳帅、王林、金冠和首红等。树形，矮化中间砧行株距（3～4）m×2 m采用细纺锤形表现最好；乔化砧行株距 5 m×3 m 适宜采用基部三主枝小冠半圆形，行株距 4 m×3 m 适宜采用自由纺锤形。适宜亩产量为 1 851～

2 150 kg。

3. 玉华早富

玉华早富是陕西省果树良种苗木繁育中心于 1997 年从青富 13 品种芽变中选出的早熟品种，2005 年通过陕西省良种审定。果实圆形或近圆形，果形指数 0.88，平均单果重 231 g，最大重 304 g；果皮为条纹状鲜红色，果皮光洁，有蜡质，果点较大。果肉黄白色，肉质致密细脆，汁液多，有香味，品质上等；可溶性固形物含量 14.79%，可滴定酸含量 0.36%，果实硬度 13.7 kg/cm²。在陕西铜川市果实 9 月中旬成熟，果实发育期 145 d，冷藏可贮藏到翌年 4 月。

该品种树势强健，3 年生树（M26 中间）树高 3.5 m，冠径 3.2 m，干周 18.3 cm；萌芽率 59%，长、中、短枝比例为 11.8∶29.8∶58.4。花序自然坐果率 68%，花朵坐果率 24%，无采前落果，果台副梢结果能力比富士强，丰产稳产，M26 作中间砧苗木定植后第 3 年成花株率 45%，第 4 年全部开花。M26 中间砧苗木建园适宜的行株距 4 m×3 m，授粉品种可选用嘎啦、信浓红等品种。树形选用自由纺锤形或细长纺锤形，注意培养和扶持中央领导干。结果枝每隔 20～25 cm 留 1 个果，每亩留 8 000～12 000 个果，果实套袋栽培。对苹果早期落叶病抗性弱，应注意防治。

4. 八仙早富

八仙早富是红将军苹果的双芽变新品种，2020 年通过山东省林木品种审定委员会审定。果实长圆形，果形指数 0.87，平均单果重 283 g；果面光滑，全面着红色，片红。果肉黄白色，细脆多汁，硬度 8.5 kg/cm²，可溶性固形物含量 15.6%，品质上。在烟台地区，果实 9 月中下旬成熟，果实发育期为 145～150 d。

该品种萌芽率高，成枝力低，枝条节间短，平均长度 1.9 cm，是红将军的 73%。树势中庸偏旺，盛果期树长果枝占 3%，中果枝占 19%，短果枝占 78%。结果早，嫁接苗建园，第 2 年开始少量结果，第 4 年后进入盛果期，亩产达 4 000 kg，丰产性好。乔砧树宜采用 4.0 m×（2.5～3.0）m 的行株距，矮砧树宜采用（1.0～1.2）m×（3.5～3.8）m 行株距。对授粉品种无严格要求。树形选用高纺锤形，4 年内，在保证整形效果的基础上，原则上实行轻剪长放，尽可能多保留枝条，促进早果丰产。

5. 天汪 1 号

天汪 1 号是甘肃省天水市果树研究所发现的红星苹果的短枝型芽变，2003 年通过国家林业和草原局林木品种审定委员会审定。果实圆锥形，果顶五棱突起，果形指数 0.94，平均单果重 230 g；果面光滑，富光泽，底色黄绿，全面着鲜红至浓红色，色相片红；果肉初采收时为绿白色，后期呈黄白色，肉细汁多；含可溶性固形物 14.1%、可滴定酸 0.31%；采后

图 4-12　天汪 1 号（山西太谷）

15 d 去皮硬度 5.0 kg/cm^2。在甘肃天水，9 月中旬果实成熟，果实生育期 140～148 d。果实较耐贮存，在半地下式窑洞内，贮至翌年 4 月初，果肉硬度可保持在 4.2 kg/cm^2，含可溶性固形物 13.8%、可滴定酸 0.18%（图 4-12）。

该品种在新红星等短枝型元帅系品种适栽区均可种植，尤其在山地的适应性更好。树形宜采用细长纺锤形或自由纺锤形。栽后第 3 年开花株率达 83.9%，亩产约 80 kg。盛果期亩留果量控制在 1 万～1.3 万个，加强管理，无明显大小年现象。

（三）晚熟品种

1. 富士冠军

富士冠军是皇家富士的优良芽变，由日本选育，2004 年秋季由陕西省果树良种苗木繁育中心从日本长野县引入我国。果实近圆形，高桩，果形指数 0.90。果个大，平均单果重 246.7 g，最大重 510.0 g；果皮薄，果皮底色黄色，着鲜红色至深红色宽条纹；果面光洁富光泽，果点中等偏小，黄圆，果粉薄。果肉乳白色，肉质细脆，多汁，有香气，品质极上。MM106 中间砧富士冠军果实可溶性固形物含量 15.90%，去皮硬度 10.02 kg/cm^2。在陕西省铜川地区，果实 10 月中旬成熟，果实发育期为 184 d。耐贮藏性同富士。

该品种树体强健，树姿较开张，萌芽率高，达 86.3% 以上；成枝力中等，易形成短枝。幼树以长果枝和腋花芽结果为主，成龄树长、中、短果枝和果台副梢均可结果。花朵坐果率 56.78%，花序坐果率

86.20％。高接后第 2 年可少量挂果，平均株产 3.1 kg，第 3、4、5 年平均株产分别为 14.6 kg、18.7 kg 和 27.8 kg。丰产、稳产，无采前落果。抗苹果早期落叶病，抗病虫害能力和长富 2 号接近。在富士的适宜栽植区均可栽植。

2. 阿珍富士

阿珍富士是 1996 年在新西兰尼尔森发现的富士浓红型株变，2016 年从欧洲引进，在陕西宝鸡千阳基地试栽观察。采用 M9T337 自根砧，栽植株行距 1 m×3.5 m，高纺锤形树形，水肥一体化，行间生草管理。试栽结果表明，该品种不套袋果和套袋果均较易着色，不套袋果平均着色面积达 80％以上，较烟富 3 号果更鲜亮；套袋果果面为浓红型片红，着色面积达 90％以上；单果重 200～300 g；果面光滑，果形高桩，果形指数 0.87；果肉硬度 7.0 kg/cm²，多汁、甜脆适口，可溶性固形物含量 14.5％，果实耐贮性好。在千阳，不套袋果 9 月开始着色，10 月中下旬成熟，生育期 180 d 左右。

该品种幼树长势健壮，生长量大，萌芽率高，成枝力强，萌芽率 45.5％～84.0％，当年成枝 5～7 个，高者 13 个以上。2 年生以上枝段容易抽生不同长度的枝条及叶丛芽，枝芽量大。幼树或健壮枝条有明显的腋花芽结果习性，初结果树长果枝和腋花芽占有一定的比例，坐果率较高，花序坐果率约 70％，花朵坐果率 16.2％～40％。建议选择海拔 1 300 m 以下、年均温 8.5～14 ℃、无霜期 170 d 以上、年降水量 500 mm 以上、光照条件充足、pH 6.5～8.5、有机质含量 0.8％以上，通风良好的地块建园。

3. 烟富 3

烟富 3 是烟台自主选育的优良着色系富士芽变品种。果实圆形至长圆形、果形端正，果形指数 0.86～0.89；果个大，平均单果重 245～315 g；果实易着色，浓红艳丽，片红，套袋果满红，不套袋果实的全红果比例 78％～80％，着色指数 95.6％；果肉淡黄色，致密脆甜，硬度 8.7～9.4 kg/cm²，可溶性固形物含量 14.8％～15.4％，风味浓郁。

果实 9 月底至 10 月初摘袋，摘袋后 3～5 d 即可充分着色达到满红，但果实糖度和香气物质含量较低，口感较差；10 月 20 日前后采收的果实可溶性固形物含量、香气物质种类和总量均达到较高水平，风味较好。因此，在烟台地区，10 月 20 日前后为烟富 3 苹果品种适采期。

该品种具有果形端正、着色好、上色快等优点，现已成为我国山东、河北、陕西、甘肃等苹果主产区主推的富士系品种（图 4 - 13）。

4. 烟富 6

烟富 6 由烟台市果树工作站于 1991 年在惠民县苏索头村的惠民短枝富士中选出，1995 年通过山东省科学技术委员会组织的专家鉴定。果实圆至长圆形，果形指数 0.86～0.90，果形端正，平均单果重 253～271 g；易着色，颜色浓红且深，全红果比例 80%～86%，着色指数 95.6%～97.2%，果面光洁，果皮较厚；果肉淡黄色，肉质致密硬脆、汁多、味甜，可溶性固形物含量 15.2%，硬度 9.8 kg/cm²，品质上。在山东烟台 10 月下旬成熟，果实发育期 170～180 d（图 4 - 14）。

图 4 - 13　烟富 3（山西太谷）

图 4 - 14　烟富 6（山西平遥）

树冠较紧凑，该品种短枝性状突出稳定，极丰产，3 年生平均株产 38.4 kg，第 4 年为 84.3 kg，是一个较抗碰压、适合机械化分级的优良品种。

5. 烟富 7

烟富 7 是山东省蓬莱区果树工作总站从秋富 1 号品种中选出的短枝型株变新品种，2014 年通过山东省审定。果实长圆形，果形指数 0.89，平均单果重 265.0 g，色泽浓红色，色相片红，可溶性固形物含量 14.73%，果肉硬度 8.78 kg/cm²，品质上乘；苹果枝干轮纹病和苹果苦痘病发病轻；在山东省蓬莱区 10 月下旬成熟，果实发育期 170～180 d。

该品种树冠中大，紧凑，树势中庸偏旺，干性较强，枝条粗壮，短枝性状稳定。以短果枝结果为主，有腋花芽结果习性。长、中、短结果枝比例分别为 2.4%、17.3%、80.3%。3 年生树开始结果，亩产 268 kg，6 年生以上树亩产稳定在 5 000 kg 以上。对苹果枝干轮纹病、苹果苦痘病抗性比烟富 6、秋富 1 号强。

建议在交通便利、土层较深厚的苹果适生区域建园，采用起垄栽培，垄宽 2 m、高 30～40 cm；宽行密植，适宜行株距 4.0 m×(2.5～3.0) m；授粉树选用专用品种红玛瑙，树形选用高纺锤形。

6. 烟富 8

烟富 8 是烟富 3 的优良株变，烟台现代果业科学研究所选育，2013 年通过山东省农作物品种审定委员会审定。果实长圆形，高桩端正，果形指数 0.91；果个大，平均单果重 315 g；着色全面浓红，色相先条红后片红，色泽艳丽；果面光滑，果点稀小；果肉淡黄色，肉质致密、细脆多汁，硬度 9.2 kg/cm²；可溶性固形物含量 14%。10 月下旬果实成熟，果实生育期 170～180 d。该品种开始着色与上满色时间比烟富 3 早 5 d。在山东主要苹果栽培区生长和结果均表现良好（图 4 - 15）。

图 4 - 15　烟富 8（山西运城果博会）

该品种幼树生长较旺，成龄树树势中庸，长枝、中枝、短枝和叶丛枝比例分别为 3.5%、30.2%、28.5% 和 37.8%。以短果枝结果为主，有腋花芽结果习性，果台枝连续结果能力较强。

建议采用宽行密植，栽植株行距矮化自根砧树采用 (0.8～1.2) m×(3.2～3.5) m、中间砧树采用 (2.0～2.5) m×(4～4.5) m、乔化树采用 (3～4) m×(4.5～5) m，授粉树选用嘎啦或专用授粉品种红玛瑙，树形采用自由纺锤形。

7. 烟富 10

烟富 10 是烟富 3 的优良株变，2012 年通过山东省农作物品种审定委员会审定并命名。果实长圆形，果形指数 0.9；果个大，平均单果重 326 g；果实着全面浓红色，片红，开始着色和上满色时间比烟富 3 早 3～5 d；果肉淡黄色，肉质致密细脆，硬度 9.1 kg/cm²；汁液丰富，可溶性固形物含量 15％。在烟台地区 10 月下旬果实成熟，果实生育期 170～180 d（图 4 - 16）。

幼树长势较旺，萌芽率高，成枝力较强，成龄树树势中庸。盛果期树长枝、中枝、短枝比例分别为 3.2％、30.5％、29.8％，叶丛枝占 36.5％。以短果枝结果为主，有腋花芽结果习性，易成花结果。

对轮纹病抗性较差，比较抗炭疽病和早期落叶病。在烟富 3 适栽区均可种植。株行距可采用（2.5～3）m×

图 4 - 16　烟富 10（甘肃临台）

4 m 或 2 m×（4～5）m，采用纺锤形或细长纺锤形树形，授粉树选用专用品种红玛瑙。树势易衰弱，生产中应控产增肥，稳定树势，保证连年丰产。

8. 龙富

龙富苹果是山东农业大学从长富 2 品种中选出的短枝型芽变新品种，2012 年通过山东省农作物品种审定委员会审定。果实近圆形或长圆形，果形指数 0.87，果面光洁，着片状红色，果实整齐，平均单果重 222.34 g，最大 262.64 g；果肉白色，肉质细嫩，香味浓郁，口感极佳；果实硬度 9.2 kg/cm²，含可溶性固形物 16.16％，可溶性糖 11.67％，可滴定酸 0.39％，糖酸比 30.43，品质优。抗逆性与长富 2 相近。适合在中国渤海湾及西部苹果主产区栽植。

平均节间长度 2.0 cm，节间长度介于长富 2 和短枝型烟富 6 之间，树冠较紧凑；较烟富 6 枝条更新能力强，不易早衰。成花容易，早果性、丰产性和稳产性均好，连续结果能力强，盛果期亩产量达 7 250 kg。

在山区或丘陵地区建园，可选择乔化砧，按 3 m×4 m 或 2.5 m×4 m 的株行距栽植；在平原地区建园，可选择 M9T337 等矮化自根砧或矮化中间砧，按 1 m×4 m 或 2 m×4 m 的株行距栽植，授粉树可选择嘎啦、珊夏及金帅等苹果品种或海棠类专用授粉树。

9. 元富红

元富红是蓬莱市果树工作总站选育的烟富 3 芽变新品种，2016 年通过山东省审定。果实长圆形，果形端正，果形指数 0.91，平均单果重 267 g；果面光洁，着宝石红色，片红，上色快，脱袋后晴天 2 d 可上满色，5 d 可达到上市要求的色泽，全红果比率 98% 以上；果肉淡黄色，爽脆多汁，酸甜爽口，可溶性固形物含量 15.6%，果实硬度 8.5 kg/cm²，品质上。在山东省蓬莱市，果实 10 月下旬成熟，果实发育期 170 d 左右（图 4-17）。

图 4-17　元富红（山东蓬莱）

该品种幼树长势较旺，萌芽率高，成枝力较强；成龄树树势中庸，新梢中短截后分生 4～6 个侧枝。盛果期树长、中、短枝、叶丛枝比例为 11：25：41：23，以短果枝结果为主，具有腋花芽结果习性，枝条节间比烟富 3 略短，易成花结果。丰产性好，产量基本与烟富 3 一致。

采用矮化自根砧、矮化中间砧苗建园，行株距采用（3.2～3.5）m×（0.8～1.2）m，树形建议选用纺锤形；乔砧苗建园行株距采用（4.5～5.0）m×（3.0～4.0）m，树形选用改良纺锤形；授粉树可选嘎啦或专用授粉品种红玛瑙。

10. 秦脆

秦脆是西北农林科技大学以长富 2 号为母本，蜜脆为父本育成的晚熟苹果新品种，2016 年通过陕西省审定。果实圆柱形，平均单果重 268 g；果面光洁，果点小；果肉淡黄，质地脆，汁液多。果实去皮硬度 6.70 kg/cm²，可溶性固形物含量 14.8%。在陕西洛川果实 10 月上旬成熟，果实发育期 170 d，无采前落果现象。果实耐贮藏，0～2℃ 条件下可贮藏 8 个月以上。早

图 4-18　秦脆（山西大宁）

果丰产性较好，第 4 年亩产量可达 1 620 kg（图 4-18）。

该品种适应性较强，抗旱耐寒性和抗黑斑病能力均优于富士，适宜

在陕西苹果产区及同类地区栽培。采用矮化自根砧、中间砧或乔化砧均可，株行距分别为（1～1.5）m×（3.5～4）m、（1.5～2）m×4 m、3 m×5 m。授粉树选用嘎啦系、元帅系等品种，按照12.5%～20.0%搭配。树形宜采用自由纺锤形或高纺锤形，夏季修剪做好拉枝、扭梢等工作；冬季修剪以轻剪为主，加大主枝和中心干的枝龄差，如果主枝和中心干的粗度比大于1∶3，应及时疏除更新，以保持中心干的优势。盛果期每亩留果量为1.8万个左右。幼果期注意叶面喷施钙肥。

（四）黄色品种

1. 信浓黄（金）

信浓黄为日本育成的优良品种，2002年初由日本果树专家带入接穗，2003年在河北省衡水市试栽。该品种表现生长结果良好，抗寒、抗旱、较抗病虫，适应性强，幼树越冬性强，抗枝干轮纹病，对腐烂病、黄蚜等也有一定的抗性。对土壤条件要求不严格，沙壤、壤土、黏土均能适应，生长正常。适宜在河北省衡水地区及生态条件类似产区发展。

图4-19 信浓金（山西太谷）

果实圆锥形或卵圆形，果形端正，果形指数0.90～0.99，平均单果重233 g，最大324 g，大小均匀；果面黄色或黄绿色，光滑，果点大而稀少，有蜡质层，有光泽；果肉淡黄色，肉质酥脆，汁多，甜酸适口。可溶性固形物含量14.50%～15.50%。在当地于国庆节前后果实成熟，果实生育期150 d。极耐贮运（图4-19）。

该品种树势强健，树姿半开张，秋梢很少。萌芽率90%以上，成枝力强，初果期以中、短枝结果为主，盛果期以短果枝结果为主。果台副梢少而短，连续结果能力强。腋花芽结果能力强，花序坐果率80%，花朵坐果率60%，采前落果较轻，自花结实率高，花粉量大，是良好的授粉品种。栽后3年开始结果，5年进入丰产期，盛果期亩产量2 500 kg以上，大小年现象不明显，丰产稳产性好。

2. 维纳斯黄金（威海金）

维纳斯黄金是日本岩手大学横田清氏教授从金冠的自然杂交后代中

选育的优良品种，2011 年威海市果树茶叶工作站从日本引入，2018 年定名为威海金。果实长圆形，平均单果重 226 g，果顶与金冠相似，部分果顶有五棱或六棱突起。无袋栽培果实成熟后为黄绿色或金黄色，阳面偶有红晕；套袋栽培，果实在摘袋后，部分果实阳面常着生一层薄薄的红色晕，其他部位为金黄色，不摘袋的果实则通体为金黄色。果肉多淡黄色，汁多，香味浓郁，甜脆；可溶性固形物含量在 15.30% 以上，最高 21.7%。果实去皮

图 4 - 20　威海金（2019 园艺学会年会苹果分会）

硬度 7.3 kg/cm² 左右。在山东威海地区 10 月下旬至 11 月上旬果实成熟，果实发育期 180 d 左右。常温下贮藏 3 个月以上果皮偶有皱皮现象，但果肉一般不发绵（图 4 - 20）。

该品种树势偏强，萌芽率高、成枝力强，二次枝萌发能力强，二次枝侧枝自然开张角度较大，成花容易，早果丰产性好。利用带分枝的矮砧自根砧苗木建园，当年即可结果，第 2、3 年亩产量分别为 800 kg、2 600 kg，第 4 年进入盛果期，产量可达 4 000 kg 以上。

建园适宜株行距（0.8~1.2）m×（3.2~3.8）m，授粉树可选择富士、王林等花期基本一致的品种。比金冠抗褐斑病，高抗炭疽叶枯病，生产中应注意防控斑点落叶病和褐斑病。

3. 瑞雪

瑞雪是西北农林科技大学用秦富 1 号与粉红女士杂交选育而成的黄色晚熟苹果新品种，2015 年通过陕西省审定。果实圆柱形，果形指数 0.90；果皮黄色，果面光洁，果点小，有蜡质；果肉黄白色，细脆多汁，酸甜适口，风味浓；果个大，平均单果重 296 g，最大 339 g。可溶性固形物含量 16.0%，可滴定酸含量 0.30%，硬度 8.84 kg/cm²，品质上等。在陕西渭北地区 4 月中旬开花，10 月中旬果实成熟，果实生育期 180 d 左右；成熟期较一致，无采前落果现象。较耐贮存，冷藏条件下可贮存 8 个月（图 4 - 21）。

该品种树势中庸偏旺，萌芽率高，成枝力中等，具短枝性状；早果

丰产性强。采用 M26 矮化优质苗木建园，定植第 2 年即可开花，第 3、4、5 年亩均产量分别为 859 kg、1 461 kg 和 1 812 kg。抗逆性、抗病性均较强。与主栽品种富士相比，抗白粉病、较抗褐斑病等叶部病害，抗旱、抗寒能力较强。在我国苹果主产区均可栽培，适应性广。

图 4-21　瑞雪（山西太谷）

　　宜选择肥水条件较好的地块建园，乔化或矮化均可栽培，矮化砧可选用 M26、M9T337、B9 等。矮化自根砧或中间砧栽培采用（1.5～2.0）m×（3.5～4.0）m 株行距；乔化栽培，可采用 3 m×4 m 株行距。授粉树按 15%～20% 配置，品种可选富士、新红星、嘎啦、秦冠等。树形宜选用细长纺锤形或高纺锤形，盛果期亩产量控制在 3 000 kg 左右，可按 20～25 cm 选留一个中心果。

4. 秦玉

　　秦玉是西北农林科技大学以长富 2 号为母本、蜜脆为父本杂交选育而成的，2022 年通过陕西省林木和草品种委员会审定。果实近圆形，果形指数 0.78，平均单果重 190 g，最大 236 g，果个大小均匀，不套袋果金黄色具阳晕，套袋果黄白色；果肉浅黄色，质地脆，汁液丰富，酸甜适口，果心小；可溶性固形物含量 15.8%，可滴定酸含量 0.28%，固酸比 56.43，耐贮藏。陕西渭北地区 9 月上中旬成熟，无采前落果现象。

图 4-22　秦玉（甘肃灵台）

　　树势强健，树冠紧凑，树姿开张，生长势介于蜜脆和长富 2 号之间，易成花，结果早，连续结果能力强。第 4 年平均亩产量为 2 100 kg。适宜在陕西苹果产区及相似生态区推广应用（图 4-22）。

　　该品种可采用矮化自根砧、矮化中间砧或乔化栽培，分别采用

(1.0～1.2) m×(3.5～4) m、(1.5～2.0) m×4.0 m 和 3.0 m×5.0 m 株行距。授粉树选用嘎啦系、秦冠、美味、皮诺娃等品种或海棠类专用授粉树，按照 12.5%～20%搭配。树形宜采用自由纺锤形或高纺锤形，幼树期修剪坚持轻剪长放多拉枝的原则，冬季修剪以轻剪为主，夏季修剪主要做好拉枝、扭梢、捋枝等工作，盛果期以培养与更新结果枝组为主。秋季采果后结合果园土壤深翻施基肥，每亩施入腐熟羊粪等有机肥 2 000～3 000 kg，生长季适量追肥，花期前后以高氮类型的复合肥为主，花芽分化期以高磷型复合肥为主、果实膨大期以高钾类型的复合肥为主。病害主要以预防腐烂病为主，虫害重点以防治蚜虫为主。

第三节　矮化中间砧苹果苗的繁育

在实生砧（基砧）上嫁接矮化砧木培育出的苗木为矮化中间砧木苗，在矮化中间砧木苗上嫁接苹果品种后培育出的苹果苗为矮化中间砧苹果苗。

一、矮化砧木的选择与利用

（一）选择依据

因地制宜按产区选砧木。不同砧木生长特性不同，而不同地区自然环境又各具特殊性，所以在选择矮化砧木的过程中，就要综合分析当地的气候条件、土壤类型等情况，尤其是冬季极端最低气温、早春风寒情况、年降水量及灌溉条件等因素，同时根据矮砧适应情况，综合评价砧木的耐旱性、耐寒性、易成花性等能力，因地制宜选择与当地生产条件相符的矮化砧木和砧穗组合。砧穗组合选择应在充分考虑适应性的基础上，将树体容易成花、较早结果作为重点指标。一般 M 系砧木能承受的极端温度是低温不低于 −23 ℃，高温不高于 25 ℃，选择 M 系地区的极端气温应在 −23～25 ℃以内；SH 系砧木的抗寒性能要强于 M 系，延安、太原、邢台以北地区，可以选用 SH 系砧木；而东北等寒冷地区则可以选用极耐寒的砧木 GM256 与耐寒品种寒富等的砧穗组合。

砧木区域化的原则是因地制宜，适地适树，就地取材，育种引种相结合，经过长期适应比较，确定适应当地的砧木种类。参照国家苹果产业技术体系主推技术，建议：①在有灌溉条件或肥水条件较好、年均降水量 600 mm 以上、年极端低温－22 ℃以上地区，选用 M9 优系，如 T337、PAJAM 1、PAJAM 2 等的自根砧或中间砧，M26 中间砧或自根砧。②旱地建园，无灌溉条件，年均降水量 550～600 mm，年极端低温－26 ℃以上，选用 M26 作为中间砧，中间砧栽植深度采用动态管理办法；或 SH 系（SH1、SH6、SH40）、GM256 做中间砧。③旱地建园，无灌溉条件，年均降水量 550 mm 以下，年极端低温－28 ℃以上，选用 SH 系（SH1、SH6、SH40）或 GM256 做中间砧。④对于胶东半岛，鲁中、南山丘区，鲁西、南平原区，土壤肥沃，有机质含量高（1.0%以上），灌溉条件好的区域建议采用 M9、M9T337、M7 自根砧；肥力稍差，有机质含量低于 1%的区域则建议选用 M26 和 SH 优系做中间砧。

（二）砧木的矮化程度分级

矮化砧木嫁接后能够控制树体生长，使树体生长缓慢而矮小。苹果矮化砧木类型很多，不同类型对树体生长的影响不同，致矮效果各异。不同国家对矮砧致矮程度的分级不同，但大多依据矮化砧木嫁接树的生长势或嫁接树进入成龄盛果期后树体的高度来分级。我国对苹果砧木的划分，经历了生产实践和科学研究不断发展过程，在 20 世纪 70 年代，苹果科技工作者根据当时果树发展现状，依据嫁接成龄树树高将苹果砧木分作了 3 级：乔化砧，树高与现有乔化砧树高相似，达 5 m 左右；半矮化砧，树高为现有实生乔化砧树高的 2/3 左右，为 3.5 m 左右；矮化砧，树高为现有实生乔化砧树高的 1/2 左右，即 2.5 m 左右。21 世纪初，2005 年，王昆等在《苹果种质资源描述规范和数据标准》中，依据嫁接后成龄树的树高与实生乔化成龄树树高的比值，将苹果砧木致矮程度分成了 5 级：极矮化，比值小于 20%；矮化，比值大于或等于 20%，小于 40%；半矮化，比值大于或等于 40%，小于 60%；半乔化，比值大于或等于 60%，小于 80%；乔化，比值大于等于 80%。2010 年，中国农业大学在前人研究基础上，根据生产实际和当时我国砧木选育应用情况，特别是矮化中间砧的实际应用习惯，依据嫁接树进入盛果期后成龄树的树高程度，将苹果砧木重新划分为 5 级：极矮化，树高小于现有实生乔化砧树高的 1/5，即 1 m；矮化，树高小于现有实生乔化

砧树高的 1/5～1/2，即 1～2.5 m；半矮化，树高小于现有实生乔化砧
树高的 1/2～2/3，即 2.6～3.4 m；半乔化，树高小于现有实生乔化砧
树高的 2/3～9/10，即 3.5～4.5 m；乔化，树高与现有实生乔化砧树高
相似，即大于 4.5 m。这个划分标准更方便生产应用，更有利于指导矮
砧苹果生产和选育研究。

（三）中间砧的利用长度

矮化中间砧的砧段长度明显影响苗木的生长及矮化性状。研究表
明，矮化中间砧段的长度同苗木生长量呈显著负相关，表现为中间砧段
越长，接穗品种生长量越小、节间越短、叶数越少、苗高越低、矮化效
果越好；当 M26 中间砧长度为 20 cm 和 28 cm 时，长富 2 号接穗生长长
度比中间砧长度为 40 cm 的分别长 55.07% 和 34.95%，新红星则相应
长 90.70% 和 16.15%。天红 2 号/冀砧 2 号/平邑甜茶苹果苗木的干径
及新梢长度随中间砧长度的增加均呈递减趋势，中间砧段长 10、30、
50 cm 的三个处理间均存在显著性差异；中间砧段长 30 cm 处理的新梢
粗长比最大，显著高于 10 cm 和 50 cm 处理。

矮化中间砧的砧段长度不仅影响嫁接苗的生长，对嫁接品种幼树和
成龄树的生长结果也存在较大的影响。有研究表明，用新疆野苹果做基
砧、M9 做中间砧，嫁接长富 2 号苹果品种，中间砧 M9 长度为 25 cm
时，长富 2 号苹果品种的中短枝比例最高，叶面积、百叶重以及叶片干
物质含量最大，单株产量、单位横截面积以及单位体积产量均最高，
各项指标均显著高于中间砧 5 cm 处理和中间砧 45 cm 处理。研究者分
析认为矮化中间砧长度太短，矮化效果不理想，造成营养生长过于旺
盛；矮化中间砧长度超过一定程度，矮化效果虽然显著，但过分地抑
制了树体的生长，造成果树经济效益下降。综合考虑各树体结构指
标，认为 25 cm 是苹果在黄土高原产区最适合栽植应用的矮化中间砧长
度。用宁城海棠做基砧，GM256 做中间砧嫁接金红苹果，7 年生树中
间砧长度小于 5 cm 和 5～15 cm 的树高、冠径较大，矮化作用不理想，
达不到矮化密植的要求；中间砧长度为 30～35 cm 时，树高仅 2.27 m、
冠径 1.58 m×1.81 m，矮化作用显著，短枝和叶丛枝占到总枝量的
81.8%，丰产性强，但由于中间砧过长，对树体生长的抑制作用强，生
长量小，易造成树势早衰，缺乏持久的丰产潜力；中间砧长度为 20～
30 cm 时，树高 2.47 m，短枝＋叶丛枝占比达 76.5%，中长枝 17.7%，

发育枝 11.9%，矮化效果明显，各类枝组成合理，结果长树两不误，达到了矮化与树势的统一，是目前内蒙古地区果园较适宜的中间砧利用长度。对山西省晋中市祁县中梁村 20 年生苹果树（穗砧组合为红富士/SH1/八棱海棠）调查结果也表明，中间砧段为 20 cm 时，矮化效果好，树体生长量较大，丰产性强，达到了矮化和树势的统一，是生产上宜采用的模式。

理想的中间砧长度既能使树体达到良好的矮化效果，又能保持健壮的树势，达到丰产、稳产目的。我国果树工作者多年研究和生产实践表明，矮化中间砧适宜的利用长度为 20～30 cm。不同矮化中间砧的致矮效果不同，不同品种的生长性能也不同，不同砧穗组合，不同栽培区域适宜的矮化中间砧利用长度略有差别。生产中，由于中间砧长度不一，会导致建园后树体高矮有差异，植株生长发育不一致，从而影响果园整齐度和经济效益，所以繁育苗木时要求同一批苗木中间砧长度变幅不得超过 5 cm。

二、主要矮化砧木介绍

（一）我国自主选育的矮化砧木

1. SH 系

山西省农业科学研究院果树研究所用国光与河南海棠种间杂交选育而成，其抗性超过了 M7、M9、M26 等，适宜西北和华北黄土高原发展。表现较好的极矮化砧有 4、5、14、20 号，矮化砧有 1、6、9、12、17、38、40 号，半矮化砧有 3、7、15、28、29、32 号。其共同特点为：早花早果，早期丰产；果实着色成熟早，品质好；新梢停长早且无二次生长；耐旱性能强，抗黄化；叶片光合能力强，吸收矿质元素能力较强；压条生根容易，嫁接亲和，固地性好。目前，生产上应用较多的 SH1，适宜国内大部分苹果主产区栽植，山西、北京、河北、新疆发展较多；SH6 在北京地区苹果矮化栽培中应用最为广泛；SH38、SH40 在河北石家庄、保定地区应用较多。此外，还有 SH3、SH9、SH18、SH17、SH29、SH37 等主要在河北、陕西、山东等地栽植。

（1）SH1

SH1 作中间砧嫁接红富士、红星苹果 20 年生树的树高分别是乔砧树的 53.51% 和 45.97%，控冠能力基本等同于 M26，矮化性状明显；嫁接红富士在定植第 2 年开花，3～5 年生树体平均累计株产为 20 kg，累计产量相当于 M26 的 124.22%；红富士苹果着色早，色泽鲜艳，果实硬度和可溶性固形物含量分别为 8.8 kg/cm²、18.8%，高于 M26 的 8.0 kg/cm²、16.5%；与八棱海棠基砧和红富士、红星等主要品种嫁接，砧穗亲和性良好，20 年生红富士嫁接品种/中间砧的干周比值为 0.96，基本无大小脚现象；具有较强的抗寒、抗旱能力，在山西省晋中地区栽植无抽条现象；SH1 中间砧埋入土中不生根，植株生长无偏冠现象，固地性、抗倒伏能力强。适宜在黄土高原或气候类似的苹果产区栽培（图 4 - 23）。

图 4 - 23　SH1 枝叶、果、幼树及嫁接品种结果状
A. 枝叶　B. 果　C. 幼树　D. 烟富 6/SH1/八棱海棠

（2）SH3

SH3 做中间砧与羽红（红星芽变）、金冠等品种嫁接亲和性强。嫁接羽红成龄树高仅 2.3 m 左右，同 M7 接近；嫁接宫藤富士（基砧平邑甜茶）树高 3.7 m，M7 为 4.2 m、M26 为 3.7 m。嫁接羽红定植第 3 年全部植株开花具腋花芽结果习性，比对照 M7、M9 嫁接相同品种早开花 1～2 年；果实着色成熟期较 M9 提早 15 d 左右，可溶性固形物含量为 17.0%，高于 M9 的 15.1%，果实硬度为 9.14 kg/cm²，高于 M9 的 7.43 kg/cm²，果实耐储运。7 年生宫藤富士/SH3/平邑甜茶果树亩产量 796.09 kg，200 g 以上果率为 53.8%，M7 和 M26 分别为 1 061.29 kg、

730.04 kg 和 55.13％、33.49％。垂直根系较 M7、M9 分布深且相对根量多，新梢生长早，叶片肥厚，叶绿素含量高，抗旱、抗骤寒、抗抽条、抗倒伏（图 4-24）。

图 4-24　SH3 枝叶、果、幼树及嫁接品种结果状
A. 枝叶　B. 果　C. 幼树　D. 烟富 6/SH3/八棱海棠

（3）SH6

SH6 与基砧和品种羽红、金冠、红富士等嫁接亲和性强。红富士/SH6/八棱海棠树体整齐、树冠大小株间差异小。作中间砧嫁接红富士 8 年生树高 3.5～4 m，矮化效应与 M26 相似；嫁接宫藤富士 7 年生树高 3.2 m，矮化效应强于 M26（3.7 m）。嫁接红富士定植第 3 年全部开花结果，8 年生树（株行距 2.5 m×4 m）亩产量可达 3 000～4 000 kg，且平均单果重为 300 g；嫁接宫藤富士 7 年生树（株行距 1.5 m×4 m）亩产量达 1 321.55 kg，200 g 以上果率达 63.13％，M26 分别为 730.04 kg 和 33.49％。作为中间砧嫁接宫藤富士具有树体小，总枝量大，树势中庸（新梢年平均生长量小，枝类组成合理，短枝比例高，长枝比例小），产量高且稳产性好，果实冠层分布、大果率及果实品质好的优势。也有研究表明，SH6 在陇东地区适应性差，产量低且树势偏弱，作中间砧嫁接易成花结果的瑞阳苹果易造成树势早衰（图 4-25）。

图4-25　SH6枝叶、果、幼树及嫁接品种结果状
A. 枝叶　B. 果　C. 幼树　D. 烟富6/SH6/八棱海棠

（4）SH9

SH9与羽红、金冠、富士等品种嫁接亲和性强。作中间砧嫁接羽红致矮能力与M9相当，嫁接宫藤富士致矮能力好于M26，略好于M7。嫁接羽红、金冠，定植第2年就可以开花结果，比M9提早开花2年。嫁接羽红4～7年生累计产量25.3kg，是M7砧累积产量11.6kg的2.2倍，嫁接金冠4～7年生累计产量20.1kg，略低于M7；嫁接宫藤富士7年生树亩产859.3kg，高于M26，低于M7。新梢生长量低于M26和M7。抗旱、抗骤寒、抗抽条、抗倒伏（图4-26）。

图4-26　SH9枝叶、果、幼树及嫁接品种结果状
A. 枝叶　B. 果　C. 幼树　D. 烟富6/SH9/八棱海棠

（5）SH17

SH17 嫁接品种羽红、金冠，始花树龄 2 年生，具有腋花芽结果习性。嫁接金冠 5 年生树高约 1.8 m，新梢生长量 42 cm 左右，树势稍强于 SH9，枝条停止生长早，无秋梢；果实上色、成熟较 M9 提早 15 d 左右，色泽金黄，无果锈，肉质爽脆，风味浓，品质好，采收期果实可溶性固形物含量 20.4%，硬度 19.4 磅/cm²。SH17 嫁接金冠 4 年生树株产为 9.5 kg，若按株行距 2.5 m×4 m 的中密度栽植，建园 4 年亩产可达 630 kg 左右。嫁接富士第二年开花，第 6 年进入盛果期，亩产量达 5 000 kg 以上（图 4 - 27）。

图 4 - 27　SH17 枝叶、果、幼树及嫁接品种结果状
A. 枝叶　B. 果　C. 幼树　D. 丹霞/SH17/八棱海棠

（6）SH18

SH18 与羽红、金冠、富士等品种嫁接亲和性强。SH18 嫁接羽红、金冠，定植当年即有少量植株开花，定植第 3 年全部植株开花，比对照 M7、M9 嫁接相同品种早开花 1～2 年。SH18 嫁接宫藤富士 7 年生树高 4.0 m，每公顷总枝量 51.44 万条，新梢生长量 71.8 cm，亩产量 1 207.22 kg，200 g 以上果率达 67.85%；M26 和 M7 分别为 4.2 m 和 3.7 m，75.61 万和 46.67 万条，60.8 cm 和 57 cm，1 061.29 kg 和 730.04 kg，55.13% 和 34.19%。SH18 矮化砧木为中间砧嫁接宫藤富士，果实品质较好，产量较高，大果率最高，是较适宜的砧穗组合（图 4 - 28）。

图 4 - 28　SH18 枝叶、果、幼树
A. 枝叶　B. 果　C. 幼树

（7）SH28

SH28 砧木与基砧八棱海棠及主要品种金冠、红富士、嘎啦、斗南等亲和性强，嫁接成活率高。郑书旗等（2019）研究表明，SH28 嫁接宫藤富士 7 年生树高 3.8 m，M7 为 4.2 m，M26 为 3.7 m。河北农业大学试验观察表明，SH28 作中间砧嫁接红富士苹果，3 年生树高为 3.57 m，是 M26 为中间砧树高的 110%；其自根砧上嫁接天红 2 号苹果，树体抗逆性较强，5 年生树高 3.8 m，冠径 2.8 m×3.1 m，每亩结果量为 3 000 kg（图 4 - 29）。

图 4 - 29　SH28 枝叶、果、幼树
A. 枝叶　B. 果　C. 幼树

（8）SH29

SH29 与基砧八棱海棠和丹霞、红星、羽红、金冠等品种亲和性良好，嫁接口无大小脚现象，嫁接长富 2 号稍有小脚现象，但不太明显。嫁接长富 2 号品种 7 年生树高 2.7 m，盛果始期株产 21.3 kg，果实可溶性固形物含量 19.1%，果实硬度 8.5 kg/cm²；M7 分别为 3.0 m、16.4 kg、14.2%、7.5 kg/cm²。SH29 嫁接金冠第 2 年开花，4～7 年生树累计产量 84 kg，是 M7 砧累计产量 36.7 kg 的 2.3 倍；果实硬度为 9.41 kg/cm²，果实硬度大，耐储运（图 4 - 30）。

图 4 - 30　SH29 枝叶、果、幼树
A. 枝叶　B. 果　C. 幼树

（9）SH38

SH38 与羽红、金冠、丹霞、红富士等品种嫁接亲和性强。SH38 嫁接羽红成龄树高 2 m，致矮能力与 M9 相当。SH38 嫁接丹霞成龄树高 2.2 m 左右，定植第 2 年可以全部开花，定植第 4 年在栽植株行距为 1.5 m×4 m 的情况下，亩产量可达 1 100 kg。SH38 嫁接宫崎短枝富士 7 年生树高 4.26 m，中短枝占比 87.1%，3～5 年生树累计株产 49.2 kg，折合亩产 4 500 kg；嫁接红富士定植 2～3 年全部开花结果，盛果期果园亩产量约 3 000 kg，一级果率 80% 以上，果实可溶性固形物含量可达 16% 以上。SH38 作中间砧嫁接具有短枝性状的瑞雪苹果，在甘肃陇东地区综合表现较好，树高在 4.5 cm 左右，生产上表现出半矮化性，适合旱地果园的栽培；枝组结构合理，长、中、短枝比例分别为 49.99%、29.66%、28%，5 年生树单株产量 30 kg 以上；果实果面光洁度好，果

形高桩，外观品质优，风味佳且功能性营养成分含量高（图4-31）。

图4-31　SH38枝叶、果、幼树及嫁接品种结果状

A. 枝叶　B. 果　C. 幼树　D. 短枝富士/SH38/八棱海棠

（10）SH40

SH40嫁接羽红、金冠、丹霞、红富士品种的亲和性强。SH40嫁接丹霞品种成龄树高2.6 m左右，致矮能力与M9接近，定植第2年开花株率达100%，定植第4年的栽植株行距为1.5 m×4 m，亩产量可达1 500 kg。嫁接天红2号品种，7年生树高为3.65 m，亩产量可达4 000 kg，单果重269.2 g，果实品质优良。嫁接富士品种，8年生树高3.8 m，每公顷总枝量170.8万条，短枝比例59.1%，大果率74.4%，单果重252.98 g，株产25.09 kg（图4-32）。

图4-32　SH40枝叶、果、幼树及嫁接品种结果状

A. 枝叶　B. 果　C. 幼树　D. 烟富6/SH40/八棱海棠

2. Y系

2008年，山西农业科学院果树研究所从野生晋西北山定子自然实生种子中选出了早花、早果、抗逆性强的Y系矮砧，与丹霞、红富士等品种嫁接亲和性好，与八棱海棠等基砧嫁接无大小脚现象，适合西北黄土高原干旱缺水苹果产区发展。分别于2013年对Y-1、Y-2、Y-3，2022年对SXND-1、Y-4进行了审定，目前已在新疆、甘肃、山西、陕西等地推广应用。其中Y-1（图4-33）和SXND-1（图4-34）在生产中应用较多。

（1）Y-1

Y-1与八棱海棠、山定子基砧，长富2号、丹霞、嘎啦等品种亲和性好，大小脚现象不明显，嫁接成活率90%以上，一级苗出圃率可超过80%，且嫁接口结合牢固，无风折、劈裂等现象。

Y-1作中间砧嫁接长富2号定植第3年树高1.93m，分别是对照M9、晋西北山定子的69.42%、64.77%；定植当年开花株率达65%，第3年亩产量750kg（1.5m×4m株行距）。作中间砧嫁接丹霞定植第3年树高1.75m，分别是对照M9、晋西北山定子的60.76%、58.33%；定植当年开花株率100%，第3年亩产量1 000kg（1.5m×4m株行距）。Y-1嫁接品种矮化效应明显，早果早丰产性强，果实着色早，成熟期较对照提前7～10d，色泽艳丽，可溶性固形物含量明显增加，硬度明显增大，风味浓郁。

图4-33　Y-1枝叶、果、幼树及嫁接品种结果状
A. 枝叶　B. 果　C. 幼树　D. 烟富3/Y-1/八棱海棠

该砧木定植当年在不采取任何越冬保护措施的条件下，山西省晋中地区 2009—2010 年冬季发生低温冻害时，与所嫁接品种均无冻害表现，生长正常；而 M9 作中间砧的长富 2 号苗木受冻率达到 66.67%，表明 Y-1 的抗寒性显著优于 M9。

（2）SXND-1

作中间砧嫁接长富 2 号品种树体矮化，成龄树高 3~3.3 m。砧穗亲和性较好，嫁接口无明显大小脚现象，无风折、劈裂现象。嫁接树早花早果性较强，4 年生亩产量达 700 kg。果个较大，平均单果重 248 g。

适宜山西省中南部苹果适生区及生态条件类似产区种植。采用中间砧建园，可采用（1~1.5）m×（3.5~4）m 株行距，纺锤形树形。嫁接树以富士、秦脆为主栽品种，授粉品种选用嘎啦系、元帅系、丹霞等，授粉品种占比约 15%，隔株或隔行栽植。需要严格疏花、疏果，盛果期亩产量控制在 3 000 kg 左右。应加强水肥管理和病虫害防治。

图 4-34 SXND-1 枝叶、果、幼树及嫁接品种结果状
A. 枝叶 B. 果 C. 幼树 D. 秦脆/SXND-1/八棱海棠

3. GM256、GM310

由吉林省农业科学院果树研究所选育。GM256（海棠果×M 系）为极抗寒矮化砧，嫁接品种早果丰产品质好，果实硬度稍低，较抗腐烂病、黑星病、早期落叶病；GM310（红太平×M9）为极抗寒矮化砧，

嫁接亲和性好，枝干韧性强，高抗苹果腐烂病。

（1）GM256

GM256 作中间砧嫁接金红，3 年生树开花株率为 47.2%（对照为 26.9%）；7 年生树高仅为对照（金红/山定子）的 70.0%。累计亩产量 6 647 kg，较对照增产 3.55 倍。GM256 作中间砧嫁接寒富（基砧平邑甜茶），6 年生树高 2.98 m，亩产量 3 951.52 kg；果实着色好，平均单果重 281 g，可溶性固形物含量 14.15%。寒富以 GM256 作中间砧幼树成形快，树势中庸，主枝量多，果个大，品质好，产量高，寒富/GM256/平邑甜茶是寒富苹果的适宜砧穗组合。吉林省果树研究所在 GM256 中间砧上多点芽接的金红苹果第 3 年（金红 2 年生）平均株产 2 kg，最高达 6~7 kg，亩产 222 kg（株行距 2 m×3 m，亩栽 111 株），第 4 年平均株产 20 kg，最高达 28 kg，最低 18 kg，亩产 2 220 kg。GM256 矮化中间砧与基砧山定子和金红、秋红、寒富等苹果品种嫁接亲和力强，生长健壮，结果早，丰产早，苹果树抗寒力强，是冷凉地区发展大苹果适宜的矮化砧木（图 4-35）。

图 4-35　GM256 枝叶、果、幼树
A. 枝叶　B. 果　C. 幼树

（2）GM310

GM310 与基砧和品种嫁接亲和性强，嫁接口牢固；GM310 作中间砧嫁接金红苹果，树高是乔化砧树的 60%~70%，嫁接金红苹果，定植后 2 年开始结果，5 年进入盛果期，丰产性好，平均每亩产量为 1 700~2 000 kg。但厉恩茂等（2023）报道，GM310 嫁接嘎啦（基砧山

定子）有比较严重的"大脚"现象，7 年生树高 4.24 m，短枝数量占 27.24%，平均株产 13.9 kg（1 m×4 m），平均单果重 262.8 g，可溶性固形物含量 12.89%，果实硬度 10.39 kg/cm²，认为山定子/GM310/嘎啦苹果组合丰产性能较好。张少瑜等（2018）研究表明，GM310 做中间砧嫁接蜜脆苹果（基砧山定子）具有良好的早花早果习性，定植第 2 年开花株率为 91.67%，第 3 年达 100%。定植第 2、3、4 年平均亩产量分别为 574.36 kg、1 352.90 kg 和 3 208.78 kg。果形指数为 0.82～0.87，单果重为 315.37～352.94 g，可溶性固形物含量为 12.22%～13.40%，口感酥脆，耐贮能力较强，是适宜辽宁省及东北寒地苹果栽培区发展的优良砧穗组合（图 4－36）。

图 4－36 GM310 枝叶、果、幼树

A. 枝叶 B. 果 C. 幼树

4. 青砧 1 号

青砧 1 号是青岛市农业科学研究院用平邑甜茶为母本，柱型苹果株系 co 为父本通过杂交获得，2007 年通过山东省科学技术厅科学技术成果鉴定。属于半矮化砧木。其实生后代无融合生殖坐果率 97.0%～98.1%，种子繁殖，实生苗整齐，成苗率高；平均单果重 9.2 g；每果种子数 4.1 个，饱满种子 100%，种子千粒重 41.4 g。做基砧嫁接嘎啦、烟富等苹果品种表现亲和性好，嫁接成活率 95% 左右，成苗率 90% 左右，早花早果能力强，产量高。做基砧嫁接烟富 6 品种，4 年生树亩产量 1 366 kg，单果重 251.0 g，可溶性糖含量 14.6%；对照（烟富 6 号/平邑甜茶）分别为 883 kg、240.0 g，13.5%。嫁接嘎啦 4 年生树亩产量为 1 007.9 kg，单果重 210.0 g，可溶性糖含量 13.5%；对照（嘎啦/平

邑甜茶）分别为 633 kg，194.0 g，12.5％。青砧 1 号嫁接树抗重茬病能力强，成花早，产量高，果实品质优，适宜在环渤海湾、黄土高原等苹果主产区应用（图 4-37）。

图 4-37　青砧 1 号枝叶及幼树
A. 枝叶　B. 幼树

（二）从国外引进的矮化砧木

1. M7

M7 为道生苹果混杂类型，1917 年公布。根系发达，须根多，分布较深，主要分布在 100 cm 土层内。树冠大小为实生砧的 55％～65％，属半矮化砧。容易压条生根，繁殖率高。嫁接亲和性较好，有"小脚"现象。M7 对土壤适应性强，较抗旱、抗寒，也耐瘠薄，但不耐涝；根系最低生存温度为－7.6℃，比 M9 高 2℃。抗苹果软枝病和花叶病及小果病毒病，易患根头癌肿病，是美国生产上最常用的砧木，在世界各苹果产区均有应用（图 4-38）。

图 4-38　M7 枝叶、果、幼树
A. 枝叶　B. 果　C. 幼树

在山东威海地区作中间砧嫁接富士，树高为乔砧的 80.38%，盛果期亩产 3 551.4 kg。在陇东地区 M7 作中间砧嫁接长富 2 号（基砧新疆野苹果）3 年生树高 3.54 m，冠径 1.96 m×1.89 m，新梢长 58 cm、粗 0.74 cm，长、中、短枝比例分别为 41.1%、23.4%、35.5%，亩产量 190.9 kg，商品果率 83.6%；4 年生时进入丰产期，亩产 1 361.2 kg，单果重 334 g，硬度 7.22 kg/cm²，可溶性固形物含量 12.87%，穗砧比 1.14，小脚现象明显。在陇东地区 M7 作中间砧嫁接长富 2 号抗寒性等同于 M26、M9，强于 M9T337。

2. M9

M9 是 1937 年英国正式命名发表的苹果矮化砧，既可用于自根砧，也可用作中间砧。自根砧表现"大脚"，中间砧表现有"粗腰"现象。早果性强，嫁接多数苹果品种在定植第 2 年即可开花，果实品质风味佳；唯其根系小且分布较浅，固地性较差，木质脆而易断，嫁接树需设立支架。压条生根力中等，在灌溉条件下生根较好。抗寒性差，根系耐最低温度为 −9.6 ℃，耐盐碱，较耐湿，不耐旱。M9 为世界上最常用的矮化砧木，在欧洲应用最广泛。但因 M9 抗寒及抗抽条能力较差，在我国仅适于年均温 10 ℃以上的地区发展（图 4-39）。

图 4-39　M9 枝叶、果、幼树
A. 枝叶　B. 果　C. 幼树

袁仲玉等（2019）在甘肃陇东地区进行了 M9 栽培观察试验，结果表明，M9 作中间砧嫁接长富 2 号（基砧新疆野苹果）3 年生树高 3.66 m，冠径 2.00 m×2.20 m，新梢长 63.78 cm、粗 0.78 cm，长、中、短枝比例分别为 52.15％、20.12％、27.72％，亩产量 190.9 kg，商品果率 74.4％；4 年生时进入丰产期，亩产 1 145.4 kg，单果重 343 g，硬度 6.86 kg/cm²，可溶性固形物 12.87％，穗砧比 1.29，大脚明显。王贵平等（2011）调查了山东海阳市 15 年生的 M9 自根砧上嫁接的红富士苹果的生长结果状况，结果表明，M9 自根砧树高和冠径为乔砧对照的 72.61％和 73.64％，中短枝比例为 24.5％，显著高于乔砧对照的 14.7％，优质果率比乔砧对照高 10％，但 M9 自根砧在无支柱情况下多表现为树体倾斜现象。杨廷桢等（2010）调查表明，在山西省晋中地区 2009—2010 年冬季发生低温冻害时，M9 作中间砧的长富 2 号苹果苗木受冻率达到了 66.7％。

3. M9T337

M9T337 是荷兰木本植物苗圃检测服务中心从 M9 中选育出来的脱毒 M9 矮化砧木优系，比 M9 矮化程度大 20％，易压条繁殖，也可在春季利用硬枝进行扦插育苗，苗木生长整齐。发达国家如意大利、法国、荷兰的高纺锤形果园多采用该矮化砧（图 4-40）。

图 4-40　M9T337 枝叶、幼树及嫁接品种结果状
A. 枝叶　B. 幼树　C. 秦脆/M9T337/八棱海棠

我国引进并进行了试栽观察。

单玉佐等（2014）2011 年从意大利引进 M9T337 自根砧红富士和金冠苹果苗木在烟台试栽，2014 年 11 月调查，树体生长健壮，平均单株主枝 29 条，砧木粗度 5 cm 以上，砧木上 10 cm 处干径 4 cm 以上，冠径 1.28 m 以上，枝干比均小于 1/2。栽植第 1 年开花株率 98％左右，第 2 年开花株率 100％，第 3 年富士亩产量达 1 550 kg，金冠达

2 000 kg，早期丰产性明显。建议采用支架栽培。王俊峰等（2016）在陕西、甘肃调查了M9T337的栽植表现，初步认为富士/M9T337砧穗组合生长势强于富士/M26/八棱海棠砧穗组合，前者比后者早结果1～2年，栽后第4年矮化自根砧富士苹果园单位面积产量是M26中间砧的4.86倍。李高潮等（2018）研究表明，M9T337矮化自根砧富士（长枝富士长富2号、短枝富士礼富1号）、嘎啦（米奇嘎啦）苹果苗的早果性（单株花芽数、结果数、有花芽株率）明显好于MM106半矮化自根砧苹果苗。杨锋等（2014）在辽宁大连瓦房店试栽表明，6年生平成富士、金冠、青苹、乔纳金树高分别为3.2 m、3.1 m、3.0 m、2.9 m，侧枝18～20个，亩枝量9万～10万条，平均亩产量分别为3 040 kg、3 530 kg、2 850 kg、3 110 kg。在苹果遭受低温冷害（－20℃）的情况下，平成富士品种顶芽冻害率仅为10%左右，其他品种基本无冻害表现。徐晓莹等（2021）调查表明，M9T337自根砧平成富士、埃斯塔嘎啦、瑞德金冠的早果性强，适宜密植，可连年丰产；3年生开花株率分别为87.6%、83.2%、90.8%，4年生开花株率均为100%；6年生树株产量分别为18.3 kg、17.2 kg、21.3 kg。王红平（2019）在甘肃平凉试栽表明，长富2/M9T337/八棱海棠4年生树中间砧/品种干径粗度比大于1.4，大脚现象明显；新梢长度和新梢粗度及节间长度明显增大，树体生长势强于长富2/M26/八棱海棠组合；叶片的生理效应与营养水平、叶片光合特性以及果实的外观品质和内在品质均优于M26组合。

4. Pajam1、Pajam2

Pajam1、Pajam2是20世纪80年代，法国果品蔬菜行业技术中心从M9中选出。Pajam1活力偏弱，生长量与M9T337类似，比正常树体降低10%～15%。Pajam 2活力偏旺，生长量与M9-Emla相似。两个基因型的砧木促增产效果明显，均大于10%。新梢较细、发芽和落叶期稍有提前，用其作砧木可克服春季品种发芽早、砧木树液流动晚造成的物候期不一致，也增强了树体的越冬性；易压条繁殖，产苗量比M9增加2～3倍；与大多数品种亲和性良好。

2006年我国从法国引进观察，在苗圃性状上，较M9-Emla好，表现为新梢尖削度大，发芽与落叶期时间较M9-Emla提早2～5 d，压条易生根，但成苗率不高，可能与立地环境条件不适有关；中间砧苗木及幼树生长量接近 M26，矮化砧露出地面 8～10 cm 定植建园，3 年生玉华早富穗砧比为 3.1∶5.2，二重根系明显，接合处横径 5.4 cm，肿大现象不明显；中间砧上下粗度基本一致，利于树势稳健生长。赵莹莹（2018）对陕西渭北旱塬中北部的洛川县凤栖镇芦白村矮化中间砧组合生长调查表明，4 年生长富 2/Pajam1/平邑甜茶树高 2.93 m，干径 45.29 cm，冠径 2.26 m×2.71 m；长富 2/Pajam2/平邑甜茶树高 3.57 m，干径 56.29 cm，冠径 3.12 m×2.86 m。长富 2/Pajam1/平邑甜茶株总枝量 158 条，短枝占比、叶丛枝＋短枝占比、中枝占比、长枝占比、发育枝占比分别为 45.57％、76.58％、4.43％、6.33％、12.66％；长富 2/Pajam2 株总枝量 178 条，短枝、叶丛枝＋短板占比、中枝占比、长枝占比、发育枝占比分别为 19.10％、64.04％、12.92％、10.11％、12.92％。约 50％ Pajam1 有轻微大脚现象，Pajam2 均有轻微大脚现象，无开裂现象。长富 2/Pajam1/平邑甜茶亩产量、单果重、果实可溶性固形物含量、果实硬度、着色面积分别为 2 463.1 kg、254.8 g、15.19％、9.52 kg/cm²、97.22％，长富 2/Pajam2/平邑甜茶分别为 6 384.4 kg、262.89 g、14.82％、8.84 kg/cm²、96.57％，认为 Pajam1 作中间砧的树体表现为矮化效应显著，树势中庸，短枝比例较高，叶片光合能力强且嫁接亲和性良好，单株产量较高且果实品质优良，是适应性较好的矮化砧。

5. M26

M26 是英国东茂林试验站用 M16 与 M9 杂交选育而成的苹果矮化砧木品种，1959 年开始推广应用。目前是我国矮化栽培的主要砧木之一。嫁接后树冠大小、早果性及丰产性介于 M9 与 M7 之间，果实大小接近 M9，优于 M7。固地性优于 M9，但仍需设立支柱。作中间砧时，与主要品种嫁接亲和性较好，有大脚现象，成龄树有"偏冠"现象。M26 的压条生根能力强，具有易繁殖且繁殖率高的特点。抗旱性较差，耐寒，能耐短期−17.8 ℃的低温。抗软枝病和花叶病病毒，但不抗苹果绵蚜，易感染茎腐病和火疫病，不耐潮湿黏重土壤。M26 的越冬能力与 M9 相似，适宜在年均温 10～12 ℃以上的地区栽培。主要应用于土壤肥沃、降水较多的地区，在沙质土或土层浅的地区越冬抽条严重，树干上易生气根瘤，腐烂病发生较重（图 4-41）。

图 4-41 M26 枝叶、果、幼树及嫁接品种结果状
A. 枝叶 B. 果 C. 幼树 D. 元富红/M26 自根砧

目前在陕西、山东、河北和黄河故道地区应用较多。薛晓敏等（2011）在山东威海地区通过对矮化砧木 M26、MM106、M9、M7 和 SH 系的果园的调查认为，M26 矮化效果稳定，坐果率高，产量高，可溶性固形物含量高，但在延安市以 M26 为砧木的果实的各项指标都比较低，单果重、糖度、酸度以及鲜艳度都是最低的，只有果实的明亮度表现为最高。李高潮等（2018）提出在陕西省内不同地域建立矮砧苹果园，最适合的苹果砧木及适用的砧穗组合为 M9 优系 M9T337 等的自根砧或中间砧＋普通富士、M26 中间砧或自根砧＋短枝富士。高登涛（2009）在黄河故道地区调查表明，嫁接在 M26 中间砧上的嘎啦、藤牧1 号、金冠、乔纳金、夏丽、华帅等生长势稳健、结果早的品种，苗木栽后第 3 年开始结果，4～5 年进入丰产期，但嘎啦、乔纳金等品种容易因结果早、产量高而使树体出现早衰；新红星/M26/实生砧组合长势最弱，中心干极易发育不良；短枝富士嫁接在 M26 中间砧上长势稳健，树形良好；普通型富士嫁接在 M26 上树体偏大，需要在栽后 3～5 年采取控制肥水、环剥、环割或使用生长抑制剂等措施控制树的旺长，促进花芽形成。王贵平等（2012）在山东威海调查表明，M26 中间砧嫁接富士品种树体生长表现良好，具有结果早、产量高、品质优、管理简便等优势。但 M26 中间砧在滨州、东营、德州等地易发生抽条现象。马宝焜等（1999）在河北中北部调查得出，M26 中间砧幼龄苹果树越冬能力差、易抽条，其中以富士/M26/海棠组合抽条严重，轻者受害 5％～10％，重者 80％～94％。李文胜等（2015）研究结果表明，M26 在新

疆地区的适应性极差，不宜作为红富士的矮化中间砧在该区域发展。以 M26 为中间砧的红富士苹果在阿克苏红旗坡发生抽条现象十分严重，抽条的株率高达 73.30％，树体生长极弱、中心干不强、树体发枝量少、偏冠严重；中间砧埋入地下部分基本不发新根，根系中粗根占比高，而细根占比极低。

三、接穗的采集和贮藏

（一）工具准备

采集接穗时需提前准备好工具，如接穗冷藏箱、塑料薄膜（尺寸与冷藏箱适合）、石蜡、修剪刀、加热器、温度计、标签、扎绳、锯末、消毒剂（刀具消毒）等。做到专管专用，及时消毒，避免交叉感染。

（二）采穗时间

接穗应从砧木母本园的母树上采集，选择生长健壮、芽体饱满、无病虫害的 1 年生枝条或当年发育枝（最好直径为 6～12 mm，长 60～120 cm），于休眠期或生长季采集。春季嫁接用的接穗在休眠期采集，一般在落叶后至萌芽前 2～3 周采集；采后在冷库中、地窖内或埋入湿沙中贮藏。夏秋季嫁接用的接穗在生长季采集，一般在 6 月中旬至 7 月中旬或 8 月下旬至 9 月下旬采集，随采随用；采后立即剪去叶片，减少水分蒸发。

（三）接穗处理

将采集好的穗条按粗度分成粗、中、细三个等级，每 50 根捆成一捆，每捆要求长短相近、剪口平整。然后检验每捆接穗有效芽数、整齐度、封蜡性等指标，并贴（挂）标签标识。标明品种名称、采集时间、操作人、采穗母本树、质量等级等信息。

（四）接穗贮藏

1. 休眠期采集接穗的贮藏方法

将接穗按品种、规格放入内衬铺设有带孔塑料袋的箱中，层间放湿锯末，扎紧袋口，箱体外标明品种、规格、数量等信息。存放在相对湿度不小于 95％、温度为 0.5～1.5 ℃的冷库中。

也可在地窖内贮藏。将接穗下半部埋在湿沙中，上半部露在外面，捆与捆之间用湿沙隔离，窖口要盖严，保持窖内冷凉，温度低于 4 ℃，湿度达90％以上。贮藏期间经常检查沙子的湿度和窖内的温度，防止接穗发热霉烂或失水风干。若无地窖时，于土壤封冻前在冷凉干燥的背阴处挖贮藏沟，沟深80 cm，宽100 cm，长度依接穗多少而定，先在沟内铺2～3 cm厚的干净河沙，将接穗倾斜摆放在沟内，然后充填河沙至全部埋没，沟面上覆盖防雨材料。

贮藏期间应定期检查穗条情况有无腐烂或失水皱缩，发现问题及时处理。

2. 生长季节采集接穗的贮藏

生长季采接穗时应随即剪去叶片，保留1 cm左右的叶柄，50根一捆捆好后置于水盆（槽）中，接穗底部浸入水中5 cm左右为宜，放置于室内或遮阴处，随接随取；短时间用不完的接穗，将下端用湿沙培好，并经常喷水保湿，以防失水影响成活。

可以借鉴谢犁春（2010）报道的利用原有贮存水果的冷藏库贮存GM256接穗的方法。在沈阳辽中，6月份采集GM256中间砧苗的枝条（GM256中间砧嫁接寒富苹果，嫁接后第11天剪砧，即剪下接芽以上的GM256枝条做接穗，按嫁接日期顺序剪），每100条绑成1捆，基部浸入水中1～2 h吸水。选长宽高分别为45、40、20 cm的硬纸箱，里面先衬地膜，再放入厚2～3 cm的湿锯末（锯末加水，以手攥为团、松开即散为宜），然后，将捆好的枝条打开，摆在湿锯末上，上面再铺一层湿锯末，厚度以枝条半埋半露为宜。枝条两端的剪口要多加锯末，以确保不失水。以此类推，一层枝条一层锯末，摆满后，用地膜包好。在其上面扎3～5个手指大小的洞，确保透气。封箱后用绳捆紧。一般每箱可摆放接穗800～1 000条。纸箱搬入冷库放好，冷库温度调至0～3℃。纸箱上标明枝条的采集日期，嫁接时按日期的先后使用。为提高成活率，所用枝条要将两头芽去掉，用中间部分的芽嫁接。此方法贮存的枝条，保鲜期可达3个月，嫁接的苗木成活率在95％以上。以往用盆装水浸根部贮存枝条的保质期只有1个月。

四、嫁接中间砧

（一）嫁接时期及方法

当年春季播种繁育的基砧苗，管理较好时在当年秋季苗木粗度即可满足嫁接要求，可于7月下旬至9月中旬，采用T形芽接或嵌芽接嫁接矮化砧接芽，也可于第 2 年 3 月中旬至 4 月中旬进行单芽枝接或嵌芽接。嫁接部位应在距地面 5 cm 处。嫁接具体方法见本章第一节。

（二）嫁接后管理

嫁接后大田管理同播种苗，所不同的是剪砧要早，春季在萌芽前进行，夏季在接芽成活后就进行。注意保护剪口芽，用剪刀在接芽横切口上 0.5 cm 左右处剪砧，然后进行除萌蘖、抹芽、立支柱、施肥、灌水、松土、病虫害防治等常规管理，确保苗木健壮生长。具体方法：芽接后 10~15 d 检查成活情况，对未成活的及时补接或第 2 年春季剪砧时采用枝接法补接。秋季芽接苗于翌年春季发芽前，在接芽上方 0.5 cm 处剪砧，剪口稍向接芽对面倾斜。同时用利刀割断接芽塑料绑条。春季枝接苗新梢长 20~30 cm 时解绑。多风地区应紧贴砧木立支柱，将新梢绑在支柱上。砧木基部发出的萌蘖及时除去。为促进嫁接苗生长，应加强土肥水管理，6 月份每亩追施尿素 10~15 kg 或硫酸铵 20~25 kg，施肥后及时灌水和中耕除草。夏季雨水多时，适当控制灌水和氮肥的施用量，可叶面喷施 0.2%~0.3% 的磷酸二氢钾溶液。并加强对白粉病、轮纹病、早期落叶病和金龟子、卷叶蛾、蚜虫、红蜘蛛等病虫害的防治。具体方法见本章第一节。采用此方法一般当年春季播种的实生种子于第二年秋季即可培养成能够嫁接苹果品种的中间砧苗。

五、嫁接苹果品种

（一）苹果品种接穗的采集和贮藏

接穗应从优良品种采穗圃的母树上采集，选择生长健壮、芽体饱满、无病虫害的 1 年生枝条或当年发育枝，于休眠期或生长季采集。春季嫁接用的接穗在休眠期采集，一般在落叶后至萌芽前 2~3 周采集；采后在冷库、地窖内或埋入湿沙中贮藏。夏秋季嫁接用的接穗在生长季采集，随采随用；采后立即剪去叶片，减少水分蒸发。具体方法同砧木接穗的采集。

（二）嫁接时期和方法

当矮化中间砧苗长到 40~50 cm 时嫁接品种。在要求中间砧长度（一般 20~30 cm）的部位迎风方向于当年秋季采用 T 形芽接或嵌芽接嫁接苹果品种接芽，或第 2 年春季单芽枝接或嵌芽接苹果品种。具体嫁接方法见本章第一节。

（三）嫁接后管理

嫁接后要适时检查成活情况并进行补接，具体方法见本章第一节。春夏季嫁接的在嫁接成活后及时剪砧，秋季嫁接的于翌年春季萌芽前剪砧，在接芽上方约1 cm处剪砧，剪口稍向接芽对面倾斜。剪砧后中间砧上的芽会迅速萌发，应随发现随抹去，及早抹除，以集中营养供品种芽生长。上年秋季芽接的在剪砧的同时用利刀隔断接芽塑料绑条，春夏季嫁接苗应在接芽新梢长20～30 cm时解绑。多风地区应紧贴砧木立支柱，将新梢绑在支柱上。为促进嫁接苗生长，应加强土肥水管理，在苗木迅速生长期（一般5～8月初）30 d左右施一次肥，施肥后立即浇水并及时中耕除草；幼苗时期亩施尿素10 kg，当苗高达到1 m以上时亩施尿素量增加到15～18 kg；8月下旬停止施肥，并减少浇水，防徒长，可叶面喷施0.3%～0.5%磷酸二氢钾，促进枝条木质化，使苗木组织充实，提高抗寒性。苹果苗期主要是针对危害新梢和叶片的病虫害防治，如蚜虫、红蜘蛛、鳞翅目类的幼虫及褐斑病等，用菊酯类杀虫剂和多锰锌、新灵、三唑锡等杀菌剂防治即可。

六、矮化中间砧苹果苗繁育技术流程

矮化中间砧苹果苗由基砧、中间砧、品种三段组成，需要两次嫁接完成。受基砧、中间砧长度、粗度等状态影响，一般需3年才能成苗，也可1～2年成苗，但技术要求高、管理难度大，苗木质量难以保证。要培育优质壮苗，生产上建议采用常规3年育成苗，即第1年春季培育基砧苗，第2年春季嫁接中间砧，第3年春季嫁接品种，秋天出圃。详细流程如下：

第1年春季进行实生砧播种，秋季在基砧苗上嫁接矮化砧接芽。第2年春季，在接芽上方0.5～1.0 cm处剪砧，秋季在中间砧上25 cm左右嫁接苹果品种接芽。第3年春季在接芽上方0.5～1.0 cm处剪砧，秋季可培育成矮化中间砧苹果苗。

实生种子采集（怀来海棠等）→种子层积（12月底）→播种（3月中下旬）→间苗，定苗→嫁接矮化砧（当年7月下旬至9月上旬或第二年春季）→剪砧，解绑，抹芽→嫁接优良品种（7月下旬至9月上旬）→剪砧，解绑，抹芽（翌年春）→成品苗（秋季）。

第四节　矮化自根砧苹果苗的繁育

矮化自根砧苹果苗由矮化砧和苹果品种两段组成。将通过压条、扦插、组培等无性繁殖方式获得的生根矮化砧苗定植于育苗圃，并在其上嫁接优良苹果品种即可获得矮化自根砧苹果苗。

一般压条繁殖的矮砧苗木于秋季落叶后出圃，冷库或窖藏沙培越冬，第二年春季移入田间，视苗木生长情况嫁接苹果品种；扦插和组培获得的矮砧苗木经炼苗驯化于生长季节直接定植大田育苗圃，生长到适合嫁接的粗度时即可嫁接品种。

一、1年生矮化自根砧苹果苗的繁育

繁育流程：①春季栽植自根砧苗，当年7～9月，在新梢下部光滑处芽接苹果品种，接芽当年不萌发（称为芽接半成品苗）；第2年春天从接芽上部剪砧，接芽萌发，年末出圃，嫁接苗在圃地生长1年时间。②4月将室内枝接好的苹果苗定植在苗圃内，当年出圃，嫁接苗在圃地生长9个月。9个月苗（春季枝接半成品苗）在上年11月至当年4月上旬室内枝接，或当年3～4月在圃内露天芽接或枝接。1年生苗不整枝，也称独干苗。

(一) 定植矮化自根砧苗

春季3月中下旬至4月上旬定植矮化自根砧苗，定植前应对圃地进行翻耕、消毒、整地和施肥。起垄栽植，垄宽40 cm，每垄栽植2行。具体采用宽窄行定植，株距12～15 cm，窄行距20～25 cm，宽行距70 cm，垄中心线距95 cm左右。栽植深度15 cm左右，定植后埋土踏实，浇透水。一般每亩定植10 000株左右。有研究表明，砧木栽植的最佳密度是每亩5 000～6 000株，嫁接的最佳时间是砧木春季栽植后当年的秋季，一级矮化自根砧嫁接苗的生产量可达77%～87%，较常规育苗苗木质量明显提高。生产中为提高育苗质量，建议在栽植砧木苗时适当加大株行距。

(二) 嫁接苹果品种

苹果品种接穗的采集贮藏同前。嫁接可在田间嫁接也可在室内嫁接。

1. 田间嫁接

采用 T 形芽接或嵌芽接或单芽枝接。待移栽的砧木苗高 25 cm 以上时摘心，促其加粗生长，当粗度达 0.4～0.6 cm 时，即可嫁接。嫁接部位根颈上方 15～20 cm 处。具体方法及嫁接后管理见本章第一节。

2. 室内嫁接

冬季采用双舌枝接或带木质芽接，春季采用带木质芽接。芽接砧木嫁接部位最理想的直径为 0.6 cm，枝接为 1.2 cm。嫁接部位在根颈上方 15～20 cm 处。具体方法及嫁接后管理见本章。注意枝接接穗应有 5 个芽左右，接穗削后保留品种芽 2～3 个，枝接口用塑料条包扎，仅蜡封接穗顶部剪口即可。枝接接穗顶部封蜡方法，把接穗放入到 90～100 ℃ 的蜡液中，停留 1 s 迅速捞出甩干，让浸蜡穗条迅速降温、不粘连，蜡层要薄厚均匀。室内嫁接完成后，将嫁接苗置于空气湿度接近 100%、气温略小于 10 ℃ 的环境中愈合。嫁接口完全愈合后，放入低温冷库贮藏，入库前对嫁接芽苗根部及以上 20 cm 进行消毒（如浸蘸 0.5% 硫酸铜溶液），然后装框，要求框内使用密封的塑料薄膜包围，底部铺湿锯末，贮藏湿度接近 100%，冷库温度维持在 0～1 ℃。

室内嫁接的半成品苗于春季定植于大田，常规管理，当年秋季可出圃。

二、多年生矮化自根砧苹果苗的繁育

繁育流程：4 月将嫁接好的苹果苗（半成品苗）按株行距（30～50）cm×（80～100）cm 定植在苗圃内，保留接穗一个芽萌发生长，当年可长至 1.5 m 左右，年内不出圃。第 2 年早春在距地面 60 cm 处短截，保留剪口第 1 芽生长，经圃内整形，年末出圃，嫁接苗在圃内生长至少 2 年。

定植半成品苗→剪砧解绑→抹芽→插竹竿→除萌蘖→第二年定干→促分枝→促落叶→分枝大苗

（一）芽苗定植与管理

春季地温上升到 5 ℃ 以上至苗木萌芽前栽植，以萌芽前越晚栽植越好。栽植时间因各地气候条件而异，多为 3 月中旬到 4 月。将芽苗按株距 30～50 cm，行距 80～100 cm 栽植，栽植深度 20 cm 左右。栽植后埋土踏实，浇一次透水。栽后 15 d 左右检查品种接芽成活情况，未成活的要及时补接。接芽成活后及时剪砧和解绑，剪去接芽上方 0.5～1.0 cm 处砧木，剪口向接芽背面稍微下斜。剪砧的同时可进行解绑。接穗萌芽后有花蕾长出时，在花序分离期剪除花朵。接芽顶梢生长至 20～30 cm 时，去除砧木上发生的萌蘖及其他萌芽，选留一个健壮的新梢，在其生长至 30 cm 时，在苗木一侧立竹竿并将新梢直立地绑扎到立竿上。以后每生长 35 cm 绑扎 1 次，并注意及时抹除萌蘖。注意立竿要靠近植株，竿高≥1.4 m，入土深度 20～30 cm。

（二）圃内整形

第 2 年春季萌芽前在苗木高度 70～80 cm 饱满芽处剪截定干。苗木发芽后，保持剪口下第一芽直立生长，其余萌芽全部抹除。当新梢生长至 15～20 cm 时剪（掐）顶叶辅助促分枝，此后每生长 15～20 cm 时进行一次，连做 4～6 次。也可采取喷施植物生长调节剂等措施促生更多分枝。一般在 6～7 月份，当新梢长至 100 cm 时，选择无风晴朗天气，用浓度 0.1 g/L 环丙酸酰胺喷洒苗木顶部生长点下 5～20 cm 处，当新梢长至 160 cm 时再喷洒 1 次。要求促生培养 7～12 个分枝，其中第一分枝距地面不少于 80 cm。生长季对促发的二次新梢及时开张角度，控制侧枝粗度，防止长势过旺和加粗生长过快，促进部分二次枝梢形成花芽。也可喷布 6-苄氨基腺嘌呤（6-BA）或 6-BA＋赤霉素或普洛马林等促生分枝，但促分枝效果因品种、药剂种类及喷施浓度而异。如檀鸣（2016）研究表明，高浓度（1 500～2 000 mg/L）普洛马林处理后存在分枝细弱、有效分枝（≥10 cm）少和开张角度较小等问题。认为长富 2 号/T337/八棱海棠组合，摘叶结合 750 mg/L 普洛马林的处理和长富 2 号/M26/八棱海棠的组合，单喷 750 mg/L 普洛马林处理的苹果苗木，其有效分枝比率、数量、长度以及开张角度较好，适合生产上培育带分枝苹果苗木使用。

（三）肥水管理及病虫草害防控

干旱时及时浇水，雨季注意及时排水。第 1 年，顶梢生长至 30 cm 时开始追肥，整个生长季追肥 3～4 次，最后一次在 7 月底至 8 月初，每次每亩施肥量 10 kg，以氮肥为主。8 月份结合喷药喷施 0.3％磷酸二氢钾或 10％草木灰浸出液 2～3 次。后期注重苗圃除草、水肥管理和病虫害防控等。第 2 年，生长季以撒施三元素复合肥（15∶15∶15）为主，每次每亩施肥量 10～15 kg，3 月、6 月各施 1 次。全年喷施 0.3％

磷酸二氢钾或10％草木灰浸出液等叶面肥3～5次。当苗木的高度达到180 cm时，可采取控水（叶片不萎蔫不浇水）或顶端喷植物生长调节剂如脱落酸等促进苗木停长脱叶，促进苹果矮化自根砧带分枝壮苗的形成。

苗期重点防治绿盲蝽、卷叶蛾、蚜虫、金纹细蛾等食叶害虫及炭疽叶枯病等病害。整个生长季喷药4次。4月下旬至5月上旬，主要防治绿盲蝽、红蜘蛛、蚜虫、卷叶蛾等，采用22.4％螺虫乙酯3 000～4 000倍液防治绿盲蝽、蚜、螨、蚧，采用20％虫酰肼2 000倍液防治卷叶蛾。5月下旬，主要防治金纹细蛾、红蜘蛛、卷叶蛾、黄蚜等，药剂同上。7月上旬至8月下旬，主要防治炭疽叶枯病、卷叶蛾等，防治叶部病害交替喷洒波尔多液与吡唑醚菌酯，尤其雨后及时喷药；防治蚜、螨、蚧喷22.4％螺虫乙酯3 000～4 000倍液。9月上旬，主要防治炭疽叶枯病、潜叶蛾等，喷施多量式波尔多液、25％灭幼脲1 500倍液。9月中旬后，主要防治大青叶蝉，可喷施20％戊氰菊酯2 000倍液防治。

（四）分枝大苗培育案例

威海金苹果矮化自根砧带分枝苗木繁育关键技术。

1. 芽苗定植

春季3月中下旬至4月上旬将矮化自根砧芽苗定植于圃地，按株距25～40 cm，行距60～80 cm栽植，栽植深度20 cm左右。栽好后埋土踏实，浇透水。

2. 栽后管理

栽后或嫁接后15～20 d内检查芽苗是否成活，未成活的及时补接。接芽成活的苗木，在接芽上方0.5～1.0 cm处剪砧，同时解绑。有花蕾长出时，不要立即掐除，可以在花序分离期剪除花朵。顶梢长到20～30 cm时，选留一个健壮的新梢，去除其余萌蘖。全年除蘖2～3次。接穗长到30 cm时，立竹竿固定，竹竿高度应达1.4 m以上，也可用8 mm粗的玻璃纤维棒代替竹竿。注意绑扎时不要碰断新梢，之后新梢每生长20～40 cm绑扎一次，共绑扎3～4次。

3. 水肥管理及病虫草害防控

定植后及时灌溉，保持土壤含水量60％～80％。全年土壤追肥2～3次，第一次在萌芽期，最后一次在7月底8月初。全年喷施2～6次叶面肥，以氮肥为主。期间注意清耕除草。

苗期重点防治蚜虫、绿盲蝽、卷叶蛾、大青叶蝉、轮纹病、腐烂病等，根据发生程度及时合理施用农药。

4. 圃内整形

当年定植的芽苗，新梢萌发后，不采取促生分枝措施，保持新梢直立生长，当年秋季不出圃。第二年春季萌芽前，在中心干离地 65～75 cm（嫁接口以上 55 cm）处短截。发芽后，选留剪口下第一个健壮的新梢，去除其余萌芽，保持定干高度以下无侧枝。当新梢长到 15～20 cm 时，采用剪（掐）顶叶和喷施生长调节剂措施促生二次分枝。剪（掐）顶叶方法：左手拇指和食指收拢顶部新萌发的全部幼叶，拇指指甲盖要略高于新梢生长点，用右手拇指指甲或专用剪刀，剪（掐）掉露到上部叶片。每次处理间隔 7～10 d，共处理 3～4 次，全部处理应在 8 月上中旬前完成。喷生长调节剂方法：一是使用 6-苄氨基腺嘌呤（6-BA）＋赤霉素（GA），6-BA 和赤霉素各占 50%，浓度为 0.1%～0.25%，加少许展着剂。当剪口芽抽生的新梢（主梢）长至 70～80 cm 时喷布，全年喷一次，常与剪除幼叶或喷布 6-BA 结合使用。用手持喷雾器均匀喷洒新梢顶部幼嫩梢叶，至有液滴滴下为止。二是喷布 6-苄氨基腺嘌呤（6-BA），浓度 0.1%～0.2%，添加少许展着剂，可在温度 25～29 ℃时喷布。当剪口芽抽生的新梢（主梢）长到离地面 85～95 cm 时开始喷布，点喷新梢顶端幼嫩梢叶，单株用药量 3～5 mL，每周 1 次，连喷 3～4 次。喷 1～2 次后，可与剪除幼叶相结合处理。

采用上述方法，到出圃时苗高度可达 1.8 m 以上，第一侧枝离地面高度 0.8～0.9 m，中心干上着生 7～15 个长度 20 cm 以上的角度开张的分枝。

第五节　容器大苗的繁育

苹果容器大苗是指在特定容器内培育成的 2 年生以上的苹果大苗。容器苹果苗的根系在容器内形成，在出圃、运输、栽植的过程中，根系得到容器保护，种植成活率高，栽植后不需缓苗，根系生长快，无裸根苗的短期停滞生长现象，有利于苹果树的快速生长成形，可广泛应用于干旱地区特别是山区梯田等土壤保肥保水性较差的园区建园，尤其适用于规模化建园的果树基地。苹果容器大苗还可优化连作土壤环境，促进幼树生长，能有效缓解苹果连作障碍，因此，在老果园更新建园中意义重大。

一、圃地准备

（一）圃地选择与整理

繁育苹果容器大苗的圃地选择同常规苹果苗繁育（见第二章第二节），要求水肥条件好、交通便利、通风透光，忌重茬地等，但地块规模要求相对较大，且最好是选在即将新建的苹果基地附近，以减少运输成本。将圃地整理好后，按设计好的行距（一般为 1～1.2 m）挖栽植沟，沟的宽度、深度依育苗容器大小而定，一般宽 50 cm、深 35 cm 左右。

（二）育苗基质的配制

基质是容器苗赖以生长的物质基础，是决定苗木质量的关键因素。基质是否适宜对容器育苗的优劣起决定作用。用作基质的材料应具备来源充裕，成本低良，理化性状好，且保湿、通气、排水性能俱佳等特点。繁育苹果容器大苗常用的基质有园土、菌棒、菇渣、牛粪、稻壳、蛭石、草炭、珍珠岩等，选其中两种或两种以上按一定比例混合。如刘淼（2021）认为，园土∶菌棒∶腐熟生物有机肥按 10∶5∶1 的比例充分混合后适宜作为苹果容器大苗培育的营养土。刘畅（2018）研究表明，烟富 3/M9T337 容器大苗较适宜的基质为稻壳∶蛭石＝3∶1。许云鹏（2017）认为将园土、沙子、牛粪按体积比 3∶2∶1 充分混合更适宜作为长富 2 号苹果苗木（中间砧木为 M26、基砧为八棱海棠）容器大苗培育的基质。张瑞清等（2015）则认为炉渣、菌渣和腐熟木屑均可以代替果园土作为苹果苗无土栽培基质，以炉渣∶菌渣＝1∶1、炉渣∶麦秆＝1∶1、炉渣∶木屑＝1∶1 和果园土这 4 个基质栽植的苹果苗总生物量和叶片生物量明显高于其他处理。可见不同品种不同研究者得出的结论不尽相同，实际应用时可以先试验再规模应用。

（三）育苗容器的选择

育苗容器主要是起到控根、护根作用。育苗容器的材质、结构和规格大小等对苗木根系生长发育有较大影响。不当的育苗容器会引起盘根、窝根等根系畸形问题，从而影响苗木的正常生长发育，甚至影响大苗移栽后的成活率和生长发育情况。可以通过改变容器的几何形状，如在容器的内壁上加工一些有棱的凹凸线条等措施，来控制根系的生长。苹果容器大苗繁育常用容器有控根容器、无纺布袋、营养钵等塑料容器，规格多为（20～70）cm×（30～70）cm（直径×高）。刘畅（2018）研究表明，高度为 40 cm 的容器已满足苹果生长的需要；苹果的根长、根表面积、根体积和根尖数均随容器直径增加而增加，在容器直径为 60 cm 和 70 cm 时相差不大，认为容器的直径为 60 cm，高度为 40 cm 是培育苹果容器大苗较适宜的规格。许云鹏（2017）研究表明，容器规格为 30 cm×30 cm（直径×高）时，控根容器处理的苗高、地径、生物量、总根长、侧根数、根系表面积、根体积、叶绿素总含量等指标均显著大于无纺布袋和营养钵，且控根容器栽植的苗木不存在根系畸形现象，可作为苹果 2 年生容器苗的最佳育苗容器。张瑞清等（2015）研究表明，塑料袋和无纺布袋是栽植苹果苗比较经济实用的容器；苹果苗木培育只能在一定程度上缩小容器体积，直径 20 cm、高 30 cm 规格的容器较适合 1～2 年生苹果苗木的培育。

二、苗木准备

选用矮化自根砧和中间砧苹果苗。要求苗木根系发达，无病虫害、无机械损伤，嫁接部位愈合良好，品种枝条为 1 年生且整形带有 10 个以上饱满芽，苗木粗度 1.0～1.5 cm，苗高 1.5～2 m，枝条健壮。

三、栽入容器

于春季 3 月至 4 月中旬或秋季 10 月中旬至 11 月下旬栽入育苗容器内。栽植前，先将苗木根系用清水浸泡 24 h，依容器大小修剪根系，剪掉受伤或过长主根，然后将苗木栽入容器，装满预配好的基质并压实。

四、容器苗移植入圃

容器苗入圃多采用 1～1.2 m 行距，株距一般 50 cm 左右，也可依据育苗容器大小适当增减。将栽好的苹果容器苗按设计好的株行距摆放到定植沟内埋土，埋土厚度高于容器 5 cm 左右。栽好后及时用大水浇透，每隔 5～7 d 浇一次水，连浇 3 次透水。圃地最好安装水肥一体化灌溉设施并覆盖黑色地膜。

五、 容器苗入圃后的管理

(一) 定干、刻芽

容器苹果苗一般定干高度为 1.2 m 左右；对带分枝的苹果苗要做清干处理，在需要发枝部位留 1～2 cm 橛剪成马蹄状剪口，60 cm 以下不需要发枝部位不留橛，剪成平剪口，修剪后要及时涂抹愈合剂。苹果苗顶梢约 25 cm 内不刻芽，中间部位每隔 5～6 cm 刻一个芽。可用粗钢锯条，距芽上方 0.5 cm 处环形刻芽，深达木质部，环刻长度一般为枝条周长的 1/3，距离地面 60 cm 不刻芽。

(二) 肥水管理

发芽后，保水保肥性较差的地块每隔 7～10 d 灌水一次，保水保肥性较好的地块每隔 10～15 d 灌水一次。灌水深度 40 cm 左右，晴天忌中午浇水，以免管内储存水的温度过高烫坏苗木根系。当新发枝条长度达到 10 cm 左右时，结合灌水追施速效氮肥，每次每亩 10 kg 左右。每10～15 d 追施一次，连续追肥 5～6 次，到 8 月停止施用尿素。同时，可结合病虫害防治喷施叶面肥，8 月前叶面肥使用 0.3％尿素、5％氨基酸，10～15 d 喷施一次，加速苗木生长；8 月后喷施 1～2 次 0.3％磷酸二氢钾，促进枝条发育充实。

(三) 病虫害防治

对病虫害的防治应采取预防为主、综合防治的原则。病害主要是针对枝干病害，如腐烂病、干腐病、轮纹病等，可使用轮纹终结者 1 号、腐轮 4 号涂抹树干，涂抹高度约 60 cm。在生长季节还要注意防治叶面病害。虫害主要有叶螨、蚜虫、卷叶蛾、舟形毛虫、苹果蠹蛾、苹小食心虫、大青叶蝉等，可以使用螺螨酯、哒螨灵、吡虫啉、啶虫脒、高效氯氰菊酯、甲维盐、阿维高氯等药剂有针对性地进行专项防治。

(四) 树形管理

苹果苗枝条长度达到 20～25 cm 时，选留一个顶端优势强、粗壮、直立的中心枝作为中心干延长枝，对其下 2～3 个竞争枝进行扭枝或重摘心，保证中心干延长枝苗壮生长。其余侧枝采用牙签开角、捋枝软化、摘心等办法改变其生长极性，侧枝与主枝间的夹角要达 90°左右；6～7 月对苹果苗发枝量不足、偏冠、缺枝、鸡毛掸子树点涂抽枝宝，促发新枝，确保苹果苗枝条分布均匀，足量发枝。通过一年精细化的管理，便可在容器内培养成苹果容器大苗，其分枝数量可达 10 条以上，苗木直径可达 2.5～3.0 cm。

———————————— 主要参考文献 ————————————

DB3710/T 088‐2020，苹果无病毒采穗圃建设管理技术规范［S］. 威海市市场监督管理局.

安贵阳，杜志辉，郁俊谊，等，2012. 中熟苹果新品种'金世纪'［J］. 园艺学报，39（8）：1603‐1604.

安丽君，郑瑞华，顾明香，等，2018. 苹果树高接换优的几种技术方法［J］. 果树实用技术与信息（12）：4‐5.

安森，韩雪平，薛晓敏，等，2017. 'GM256'和'辽砧2号'作中间砧的'寒富'苹果生产比较试验［J］. 中国果树（4）：11‐13.

陈桂玉，焦世德，滕瑞海，等，2009. 莱州市小草沟园艺场优质苹果苗木生产技术规程［J］. 北方果树（4）：24‐25.

陈晓丽，李强，傅财贤，等，2021. 苹果短枝型中熟新品种'八仙早富'的选育［J］. 中国果树（5）：66‐68.

陈学森，李秀根，毛志泉，等，2021. 新种质创造支撑果品产业升级——红肉苹果和'库尔勒香梨'种质资源利用以及'红富士'芽变选种案例分析［J］. 果树学报，38（1）：128‐141.

陈学森，毛志泉，王志刚，等，2020. 持续多代芽变选种及其芽变机理揭开'红富士'在我国苹果产业独占鳌头的谜底［J］. 中国果树（3）：1‐5＋142.

陈学森，王恩琪，毛志泉，等，2013. 短枝型苹果新品种'龙富'［J］. 园艺学报，40（9）：1851‐1852.

陈学森，王楠，彭福田，等，2024. 中国重要落叶果树果实品质和熟期育种研究进展［J］. 园艺学报，51（1）：8‐26.

陈昭文，1996. 元帅系优良短枝型芽变——天汪1号［J］. 山西果树（1）：51.

初守军，2022. 果树嫁接的关键技术要点分析［J］. 中国农业文摘‐农业工程，34（3）：16‐18.

崔凯，张长庆，2017. 嘎拉系苹果新品种巴克艾［J］. 西北园艺（果树）（1）：35‐37.

单玉佐，宋青，王盛，等，2014. 意大利M9T337苹果苗木在烟台地区引栽初报［J］. 烟台果树（3）：13‐15.

单玉佐，田利光，徐月华，等，2013. 苹果新品种烟富10（烟富0）的选育［J］.

烟台果树（4）：22-23.

邓丰产，马锋旺，2012.苹果矮化自根砧嫁接苗繁育技术研究［J］.园艺学报，
39（7）：1353-1358.

丁晓红，孙俊国，2010.三个晚熟苹果品种在陕西绥德的引种表现［J］.西北
园艺（果树）（5）：29-30.

窦全金，王慧，薛桂红，等，2023.苹果矮砧密植栽培模式技术要点分析［J］.
中国农业文摘-农业工程，35（2）：22-25.

段鹏伟，张建军，尼群周，等，2022.10个苹果品种在河北石家庄的引种表
现［J］.中国果树（12）：57-60.

樊娟，2023.甘肃陇东几种矮化中间砧对'瑞阳'、'瑞雪'苹果生长和果实品
质的影响［D］.杨凌：西北农林科技大学.

高登涛，魏志峰，郭景南，等，2009.M26中间砧苹果树在黄河故道地区的表
现及前景［J］.中国果树（6）：64-66.

高华，赵政阳，王雷存，等，2016.苹果新品种'瑞雪'的选育［J］.果树学
报，33（3）：374-377.

高明，陈新宝，韩向东，等，2023.延安苹果品种培优存在问题与对策建议［J］.
西北园艺（果树）（5）：4-5.

高彦，白海霞，2010.苹果矮化砧M9品系的特点及应用情况［J］.西北园
艺（果树）（6）：34-35.

高彦，肖宝祥，白海霞，等，2005.苹果新品种-玉华早富的选育［J］.果树学
报（5）：589-590＋438.

高艺翔，2016.苹果矮化中间砧类型及长度对树体形态建成的影响［D］.杨
凌：西北农林科技大学.

郭金丽，张玉兰，钟雅静，等，2001.不同长度的矮化中间砧（GM256）对金
红苹果生长的影响［J］.内蒙古农业科技（5）：6-7.

郭珊珊，周子琪，2019.几种不同苹果品种优质生产的气候区划［J］.南方农
业，13（8）：174-176.

郭兴科，孟继森，廖方舟，等，2022.几个苹果品种在天津的栽培表现［J］.
河北果树（4）：3-6.

郭学军，王小军，马锋旺，2009.苹果新品种蜜脆生长习性与栽培要点［J］.
西北园艺（果树专刊）（3）：25-26.

郭学军，2011.蜜脆、红盖露苹果的生物学特性及在白水的栽培技术研究［D］.
杨凌：西北农林科技大学.

韩国粉，李红伟，2018.介绍几种苹果砧木［J］.西北园艺（果树）（4）：30-33.

韩立新，刘振西，郝贝贝，等，2019. 豫西黄土高原区苹果新优品种和砧木发展趋势及建议［J］. 北方果树（3）：44-46.

韩秀清，梁建军，梁彬，2020. M9-T337 苹果自根砧培育技术［J］. 西北园艺（综合）（5）：30-33.

韩振海，2011. 苹果矮化密植栽培-理论与实践［M］. 北京：科学出版社.

黄永业，季兴禄，李强，等，2018. 苹果芽变新品种'元富红'的选育［J］. 中国果树（2）：47-49+109.

纪盼盼，2015. 延安地区不同砧木苹果果实品质的调查［D］. 杨凌：西北农林科技大学.

贾少武，2011. 介绍几个我国选育的早熟富士品种［J］. 果农之友（11）：6-7.

李丙智，谢宏伟，刘文杰，等，2023. 适合宝鸡类似地区发展的七个苹果免套袋新品种［J］. 果农之友（1）：1-4.

李芳红，2022. 宁夏苹果品种生态区划［D］. 银川：宁夏大学.

李凤龙，2022. 部分苹果品种在陇东地区的矮化栽培评价［D］. 杨凌：西北农林科技大学.

李高潮，2018. 富士苹果成花机理与早果优质栽培技术研究［D］. 杨凌：西北农林科技大学.

李建军，张伟，刘丽红，等，2021. 河北临漳苹果规模化栽培砧木及品种的选择［J］. 果树实用技术与信息（7）：37-38.

李军，刘志，陈绍莉，等，2022. 辽宁省苹果品种区划［J］. 北方果树（6）：51-52.

李林光，王海波，王森，等，2023. 苹果新品种鲁丽的选育［J］. 中国果树（7）：87-89+167.

李民吉，魏钦平，杨雨璋，等. 一种苹果矮化自根砧带分枝壮苗的培育方法：CN201911197947.5［P］. 2021-11-16.

李民吉，张强，李兴亮，等，2016. 五个 SH 系矮化中间砧对'富士'苹果树体生长、产量和品质的影响［J］. 中国农业科学，49（22）：4419-4428.

李鹏鹏，李建明，李国梁，等，2023. 12 个苹果品种在甘肃静宁矮砧密植免套袋栽培试验初报［J］. 中国果树（1）：78-82.

李鹏鹏，2020. 静宁苹果品种结构分析及新品种引种观察［D］. 杨凌：西北农林科技大学.

李淑英，孙焕顷，2009. 苹果新品种信浓黄在河北衡水的表现［J］. 中国果树（1）：72.

李文胜，李疆. 麦麦提艾力，等，2015. M26 苹果矮化砧在阿克苏的适应性分

析 [J]. 北方园艺 (12)：38-40.

李娅楠，邢燕，王雷存，2021. 陕西苹果品种栽培现状及发展建议 [J]. 陕西农业科学，67 (4)：78-81.

李芝茹，吴晓峰，李全罡，等，2014. 嫁接技术在林业中的应用及油茶嫁接机的发展 [J]. 森林工程，30 (1)：14-17.

厉恩茂，刘尚涛，陈艳辉，等，2023. 不同矮化中间砧对嘎啦苹果树体生长发育及果实品质的影响 [J]. 东北农业科学，48 (1)：67-70.

刘畅，2018. 苹果容器大苗培育技术体系初步研发 [D]. 泰安：山东农业大学.

刘森，李开，张丽娜，等，2021. 苹果容器大苗培育技术探讨 [J]. 河北果树 (3)：29-30.

刘志，伊凯，张景娥，等，2003. 红将军苹果配套栽培技术研究 [J]. 中国果树 (2)：14-16.

鲁成，刘浪，路飞雄，等，2023. 9个苹果新品种在榆林南部丘陵沟壑区的引种表现 [J]. 陕西农业科学，69 (1)：66-70.

马宝焜，徐继忠，骆德新，等，1999. 不同矮化中间砧红富士苹果越冬期间枝条内水份变化与抽条的关系 [J]. 河北农业大学学报 (4)：34-37.

马锋旺，2023. 中国苹果产业发展的思考——现状、问题与出路 [J]. 落叶果树，55 (4)：1-4.

孟云，王晶晶，田惠惠，等，2020. 阿珍富士苹果在陕西千阳的引种表现 [J]. 落叶果树，52 (1)：30-32+3.

聂佩显，路超，薛晓敏，等，2012. 苹果矮化中间砧苗木繁育技术 [J]. 安徽农学通报 (上半月刊)，18 (23)：86-87.

欧志锋，王颖，李红梅，等，2019. 1-MCP处理对嘎啦系新品种"巴克艾"冷藏品质的影响 [J]. 陕西农业科学，65 (2)：56-57+71.

乔济深，2021. 果树嫁接的优势及操作技术 [J]. 园艺与种苗，41 (8)：36-37.

阮班录，刘建海，张会民，等，2021. 两个苹果品种在渭北旱塬的引种表现及栽培技术 [J]. 落叶果树，53 (6)：50-52.

邵达元，王吉祥，王清美，等，1996. 红富士苹果优系烟富1～6号的选育 [J]. 烟台果树 (1)：3-6.

邵开基，李登科，张忠仁，等，1988. 苹果矮化砧木育种研究初报 [J]. 山西果树 (3)：2-7+2.

沈震，尹宝颖，付晓雅，等，2021. 矮化中间砧长度对红富士苹果苗木和幼树生长影响及生理机制研究 [J]. 河北农业大学学报，44 (5)：42-47.

宋来庆，李元军，赵玲玲，等，2013. 脱毒'烟富3号'苹果品种的主要特点

和栽培管理要点 [J]. 烟台果树 (3)：26-27.

苏桂林，王志刚，于国合，等，1999. 山东省苹果新品种栽培区划意见 [J]. 落叶果树 (1)：24-26.

隋秀奇，田利光，单玉佐，等，2014. 苹果新品种神富一号（烟富8）的选育 [J]. 烟台果树 (1)：23-24.

孙廷果，关金菊，钟华义，2015. 果树规模化栽培与病虫害防治 [M]. 北京：中国农业科学技术出版社.

檀鸣，2016. 优质苹果分枝苗木培育技术研究 [D]. 杨凌：西北农林科技大学.

田利光，单玉佐，许孝瑞，等，2014.M9T337 矮化自根砧苹果苗木繁育技术 [J]. 烟台果树 (4)：25-27.

王贵平，王金政，薛晓敏，等，2011. 苹果 M9 自根砧、M26 中间砧生产评价报告 [J]. 山东农业科学 (11)：41-43.

王贵平，薛晓敏，路超，等，2012. 山东省不同地区 M26 矮化中间砧特性研究与评价 [J]. 山东农业科学，44 (4)：49-52＋55.

王红平，2019. 不同矮化中间砧对长富2号苹果生长生理及果实品质的影响 [D]. 兰州：甘肃农业大学.

王俊峰，李高潮，李丙智，等，2016. 矮化砧 M9-T337 富士苹果在陕甘地区生长及结果情况 [J]. 中国南方果树，45 (2)：126-129.

王林军，王兆顺，周志卫，等，2016. 水平压条繁育苹果自根砧苗木技术要点（二）[J]. 果树实用技术与信息 (9)：16-20.

王森，何平，王海波，等，2023. 鲁丽苹果在不同产地果实风味及品质差异分析 [J]. 果树学报，40 (6)：1135-1145.

王玮，李红旭，赵明新，等，2023. 基于单芽切腹接技术的梨种质资源保存实践 [J]. 寒旱农业科学，2 (1)：66-69.

王兆顺，王林军，胡怡林，等，2019. 威海金（维纳斯黄金）苹果的品种特性及栽培技术 [J]. 落叶果树，51 (2)：31-33.

王梓清，王林军，王书彬，等，2022. "威海金"苹果矮化自根砧带分枝苗木繁育关键技术 [J]. 中国果业信息，39 (11)：58-60.

王田利，吕永卫，2022. 烟富10在甘肃静宁县的表现及栽培注意事项 [J]. 烟台果树 (4)：31.

魏明杰，姜凡，盖永佳，等，2011. 矮化中间砧苹果苗繁育技术 [J]. 北方果树 (6)：36.

文胜，2020. 苹果矮化自根砧苗木繁育技术 [J]. 农业知识 (17)：23-25.

吴会文，侯智涛，杨红梅，2023. 凤翔苹果品种结构布局现状、问题与建议 [J].

西北园艺（果树）(2)：1-3.

郗荣庭，2000. 果树栽培学总论 [M]. 北京：中国农业出版社.

夏静，樊运利，2020. 陕西永寿苹果品种结构存在的问题及调整建议 [J]. 果树实用技术与信息 (10)：43-45.

谢犁春，2010.'寒富'苹果中间砧 GM256 接穗的贮存方法 [J]. 北方果树 (1)：53-54.

徐继中，2016. 矮化砧木选育与栽培技术研究 [M]. 北京：中国农业出版社.

徐世彦，杨晓军，梁彬，2011. 苹果品种富士冠军在陕西铜川的表现 [J]. 中国果树 (1)：72.

徐晓莹，刘志，何明莉，等，2021. M9-T337 自根砧苹果大苗的引进与栽培技术 [J]. 北方果树 (1)：26-29.

徐月华，黄永业，季兴禄，等，2015. 苹果芽变新品种烟富 7 号的选育 [J]. 中国果树 (3)：1-4+86.

许英武，伊凯，刘志等，2005. 红将军苹果引种观察及配套栽培技术研究 [J]. 北方果树 (3)：4-6.

许云鹏，赵彩平，张东，等，2017. 不同育苗容器对苹果苗木生长和生理特性的影响 [J]. 北方园艺 (1)：18-23.

玄志友，2022. 带基质的苹果容器苗改善连作土壤环境 [J]. 中国果业信息，39 (3)：62.

薛晓敏，王金政，路超，等，2011. 山东省苹果主要矮化中间砧木的评价 [J]. 园艺学报，38（增刊）：2458.

闫文玉，张鑫，高翔宇，等，2023. 几个苹果优良品种在万荣的引种示范及栽培要点 [J]. 果农之友 (5)：11-13.

阎振立，张恒涛，过国南，等，2010. 苹果新品种——华硕的选育 [J]. 果树学报，27 (4)：655-656+480.

杨锋，伊凯，何明莉，等，2014. 苹果矮化自根砧 M9-t337 在瓦房店地区试栽表现 [J]. 新农业 (3)：12-13.

杨廷桢，高敬东，王骞，等，2010.SH1 苹果矮化中间砧对红富士树体生长的影响 [J]. 河北果树 (5)：2-4.

杨英华，王兰明，王俊英，2012. 冀南地区中晚熟苹果优良品种的引种与筛选 [J]. 河北工程大学学报（自然科学版），29 (1)：103-106.

于青，张振英，李元军，等，2016. 脱毒'烟富 3 号'苹果优质苗木繁育技术规程 [J]. 烟台果树 (2)：33-35.

袁仲玉，刘振中，高华，等，2019. 不同矮化中间砧对"长富 2 号"苹果生长特性及早果性的影响［J］. 陇东学院学报，30（2）：85-89.

岳彦桥，2016. 寒地矮化中间砧苹果苗木繁育技术［J］. 辽宁林业科技（3）：77-78.

张连喜，2010.GM256 中间砧对金红苹果矮化效应及早期丰产技术研究［D］. 延吉：延边大学.

张瑞清，杨剑超，孙晓，等，2015. 不同容器和配方基质对苹果苗生长的影响［J］. 山东科学，28（5）：91-96.

张绍铃，朱书增，1994. 不同中间砧、砧段长度及嫁接方法对苹果苗木生长的影响［J］. 河南农业科学（5）：26-28.

张水绒，强晓敏，2016. 苹果离体嫁接培育自根砧苗技术［J］. 西北园艺（果树）（12）：19-20.

张婷，李建安，杨昕悦，等，2022. 插皮接改良技术在油茶高接换种中的应用［J］. 经济林研究，40（4）：239-245.

张旭，朱珍珍，孙鲁龙，等，2020. 陇东地区不同矮化中间砧对'长富2号'苹果抗寒性的影响［J］. 果树学报，37（7）：985-996.

张玉兰，郭金丽，1999. 抗寒矮化中间砧（GM256）苹果生产状况的分析［J］. 内蒙古农牧学院学报（2）：75-77+80.

张少瑜，赵德英，袁继存，等，2018. 'GM310'矮化中间砧'蜜脆'苹果早果丰产性试验［J］. 中国果树（6）：19-23

张维民，任宏涛，2006. 苹果新品种'天汪1号'［J］. 园艺学报（2）：453.

赵红亮，曹依静，聂琳，等，2024. 黄河故道苹果分枝大苗繁育技术规程［J］. 北方园艺（10）：148-151.

赵同生，赵国栋，张朝红，等，2016. 不同矮化中间砧对'宫崎短枝富士'树体生长、产量和品质的影响［J］. 果树学报，33（11）：1379-1387.

赵小花，2017. 矮化中间砧苹果苗木培育技术［J］. 河北果树（1）：45.

赵莹莹，2018. 苹果不同砧穗组合在洛川产区的适应性研究［D］. 杨凌：西北农林科技大学.

郑书旗，高木旺，周佳，等，2019. 苹果矮化砧和矮化中间砧'宫藤富士'在北京的抗寒性及矮化中间砧对'宫藤富士'生长结果的影响［J］. 中国果树（4）：58-61.

邹养军，马锋旺，符轩畅，等，2019. 晚熟苹果新品种'秦脆'［J］. 园艺学报，46（5）：1011-1012.

第五章
苗木出圃

苗木出圃是育苗工作的最后环节。苗木出圃质量的高低直接关系到苗木的质量、定植成活率及幼树的生长。因此，苗木出圃前必须做好相关准备工作，制定好出圃方案。

第一节　出圃前的准备

苗木出圃前需要对苗木种类、品种、各级苗木数量等进行核对和调查。根据核查结果及苗木去向（发运，当地栽植或假植贮藏等），制订出圃计划及操作规程。出圃计划包括劳力组织、工具准备、消毒药品、包装材料、起苗及调运日期等的安排。操作规程包括挖苗的技术要求、分级标准、包装及假植的方法要求等。同时要积极与购苗单位及运输单位接洽，保证及时装运、转运、运输路线畅通，最大限度地缩短运输时间，提高苗木运输质量和栽植成活率。若是秋季干旱年份，为避免苗木受旱而影响定植成活率，以及土壤过干造成挖苗困难和挖苗时断根过多，应于起苗前1周进行灌水。

第二节　起苗和分级

一、起苗

起苗时期依果树种类及育苗地区而异。落叶果树多在秋季苗木新梢停止生长并已木质化、顶芽已形成的落叶期进行。苹果苗木在秋季土壤结冻前，苗木落叶后进行，一般在10月下旬至11月上旬挖苗，也可在春季土壤解冻后苗木萌芽前挖苗。也可根据栽植时间确定起苗时间，但临时假植时间一般不宜超过10 d。

可采用机械起苗和人工起苗。

机械起苗效率高，省工省力，一般大型苗圃可采用机械起苗。但是机械起苗质量受机械种类的影响较大，购买起苗机时应结合苗木根系生长特点，详细了解起苗机的掘深稳定性、入土行程、作业速率、根茎损伤率等指标，确保挖掘土垡断口整齐，对苗木根系损伤少，起苗质量统一。也可用大型带犁拖拉机沿着苗木的行向起苗。

人工起苗费力效率低，但起苗质量高。方法为沿着苗行的方向，在两行的中间先挖一条沟，沟深根据起苗要求深度而定。中间砧苹果苗挖苗深度为 25～30 cm，自根砧苹果苗至少挖 25 cm 深。在沟壁的下部挖出斜凹槽，在苗行另一侧，距苗行 15～20 cm 处，将铁锹垂直插入，并将苗木和土块堆放到小沟里，轻轻将苗木取出。

无论采用哪种起苗方式，都应选择合适起苗深度，远起远挖，达到规定深度和幅度。要保证起苗过程中不损伤根皮、撕断侧根和须根，不损伤苗木地上部分。最好选择无风的阴天起苗，如有条件还可喷洒蒸腾抑制剂，最大限度地减少根系水分的损失。适当修剪过长根系、劈裂根系、病虫感染根系。

二、苗木分级

剔除挖出苗木中的病虫苗，然后根据苗木的大小、质量优劣进行分级、检疫和消毒，按照砧木类别、品种、等级分类捆扎苗木，标注好苗木信息，及时包装运输，对于不能及时运输栽植的苗木，要对苗木进行假植或者保存于冷库。不合格的苗木应留在苗圃内继续培养。出圃苗木的基本要求是：品种纯正，砧木正确；地上部枝条健壮、充实，具有一定高度和粗度，芽体饱满根系发达，须根多、断根少，无严重的病虫害和机械损伤；嫁接苗的接合部愈合良好。

我们国家繁育苹果苗木有《苹果苗木》（GB 9847—2003）、《苹果苗木产地检疫规程》（GB 8370—2009）、《农业植物调运检疫规程》（GB 15569—2009）、《苹果无病毒苗木繁育规程》（NY/T 328—1997）等国家标准及行业标准，还有各省市制定的一些地方标准。繁育的苹果苗木要严格分级，销售的苗木外观规格至少要达到国标二级苗木，并按国家苗木标准分级销售，彻底改变卖混级苗的现象。各级苗木管理机构要严格执法，切实履行职责，制止不合格苗木流入市场。严禁有检疫对象的苗木混入市场。

苗木分级涉及的主要术语解释：

①侧根：指从实生砧主根和矮化自根砧地下茎段上直接长出的根；

②侧根粗度：指侧根基部 2 cm 处的直径；

③侧根长度：指侧根基部至先端的距离；

④根砧长度：指根砧的根茎部位至基部嫁接口的距离；

⑤矮化中间砧长度：指矮化中间砧苹果苗从中间砧嫁接口至品种嫁接口的距离；

⑥砧段长度：指砧木由地表至苗木基部嫁接口的距离；

⑦苗木高度：指根茎部位至嫁接品种茎先端芽基部的距离；

⑧茎高度：指地面至嫁接品种茎先端芽基部的距离；

⑨苗木粗度（茎粗度）：指品种嫁接口以上 10 cm 处的直径；

⑩倾斜度：指嫁接口上下茎段之间的倾斜角度；

⑪整形带：指地面以上 50～100 cm 的范围；

⑫饱满芽：指整形带内生长发育良好的健康芽，如果其芽发出副梢，一个木质化的副梢，计一个饱满芽，未木质化的副梢不计；

⑬接合部：指各嫁接接口；

⑭砧桩处理与愈合程度：指各嫁接口上部的砧桩是否剪除及其剪口的愈合情况。

（一）矮化中间砧苹果嫁接苗的分级

依据 GB 9847—2003（表 5 - 1），矮化中间砧苹果嫁接苗一级苗标准：根砧长度不超过 5 cm，侧根数 5 条以上，根长大于 20 cm；中间砧长 20～30 cm，同一批苗变幅小于 5 cm，上下接口全部愈合；苗木高度大于 120 cm，品种嫁接口以上 10 cm 处直径至少 1.2 cm，枝条充分木质化，距根颈 60～100 cm 处，有 10 个及以上健壮饱满芽。对于一些没有达到要求的苗木，应在圃地再培育 1～2 年达标后方能出圃。

表 5 - 1　矮化中间砧苹果苗质量标准

项目	级别		
	1 级	2 级	3 级
基本要求	品种与砧木种类纯正，无检疫对象和严重病虫害，无冻害和明显机械损伤，侧根分布均匀舒展，须根多，结合部和砧桩剪口愈合良好，根与茎无干缩皱皮		

（续）

项目	级别		
	1级	2级	3级
根			
侧根数/条	≥5	≥4	≥3
侧根粗/cm		≥0.3	
侧根长/cm		≥20	
茎			
根砧长度/cm		≤5	
中间砧长度/cm		20～30，同一批苗木变幅不超过5	
高度/cm	120以上	100～120	80～100
粗度/cm	≥1.2	≥1.0	≥0.8
倾斜度/°		15°以下	
整形带内饱满芽/个	10个及以上	8个及以上	6个及以上

（二）矮化自根砧苹果嫁接苗的分级

依据 GB 9847—2003（表 5 - 2），矮化自根砧苹果嫁接苗一级苗标准为苗高 120 cm 以上，整形带饱满芽 10 个以上，苗木粗度 1 cm 以上，砧段长 15～20 cm，具粗度 0.2 cm、长度 20 cm 以上的侧根 10 条以上。

（三）苹果矮化分枝大苗的分级

目前国家对分枝大苗的苗木规格还没有统一标准，有一些地方标准可供参考。如，DB37/T 3976—2020 要求苹果矮化自根砧分枝大苗的苗木高度≥1.6 m，侧枝数≥8 个，距地面最近的侧枝高度≥0.8 m，侧枝分枝角度 80°～90°。DB3710/T 095—2020 中将矮化自根砧苹果苗木（knip）出圃规格分为 4 个等级（表 5 - 3），DB5306/T 40—2019 中将矮化中间砧多年生苹果大苗规格划分为 3 个等级（表 5 - 4）。

表 5 - 2　矮化自根砧苹果苗质量标准

项目	级别		
	1级	2级	3级
基本要求	品种与砧木种类纯正，无检疫对象和严重病虫害，无冻害和明显机械损伤，侧根分布均匀舒展，须根多，结合部和砧桩剪口愈合良好，根与茎无干缩皱皮		

（续）

项目	级别		
	1 级	2 级	3 级
根			
侧根数量/条		≥10	
侧根基部粗度/cm		≥0.2	
侧根长度/cm		≥20	
茎			
砧段长度/cm		15～20	
高度/cm	＞120	＞100～120	＞80～100
粗度/cm	≥1	≥0.8	≥0.6
倾斜度/°		15°以下	
整形带饱满芽数/个	≥10	≥8	≥6

注：根皮与茎皮损伤：包括自然、人为、机械、病虫损伤，无愈合组织的为新损伤处，有环状愈合组织的为老损伤处。

表5-3　矮化自根砧可尼圃（knip）苗木出圃分级表

项目	特级	1 级	2 级	3 级
基本要求	品种砧木类型纯正；嫁接部位愈合牢固；苗木健壮、主干直立，侧枝分布均匀、角度开展，枝条充实、芽体饱满，断根少，无检疫对象和其他病虫害；无冻害和明显机械损伤			
苗木高度（无修剪）/cm	≥200	≥180	≥180	＜160
苗木粗度/cm	≥1.5	≥1.2	≥1.0	≥0.8
最低侧枝高度/cm		≥70		
长度≥20 cm 的侧枝数量/个	≥10	≥8	≥7	＜6
砧木段总长度（嫁接口部位以下）/cm		35～40		
苗木根系				
砧根段长度/cm（根茎部位以下）		20～25		
根簇/个	≥5	≥5	≥4	≥3

（续）

项目	特级	1 级	2 级	3 级
苗木根系				
侧根（须根）长度（无修剪）/cm		≥20		
侧根（须根）数量/条	≥18	≥15	≥13	≥10
主干倾斜度/°		≤5		
根皮和茎皮	枝条光滑，苗木整体成熟度好；树皮新鲜，无干缩皱皮；无新损伤皮，老损伤处总面积不超过 1 cm²			

注：主干倾斜度指苗木主干方向与地面垂直方向的夹角。

表 5-4　多年生矮化中间砧苹果大苗规格指标

项目	1 级	2 级	3 级
基本要求	品种砧木类型纯正；无检疫对象和危害性生物；无冻害和明显机械损伤；侧根分布均匀，须根多，结合部和砧桩愈合良好，根和茎无干缩皱皮，无新损伤处，老损伤处总面积不超过 1 cm²，分枝分布均匀		
根			
侧根数量/条	≥10	≥9	≥8
侧根基部粗度/cm	≥0.5	≥0.4	≥0.35
侧根长度/cm		≥20	
茎			
基砧长度/cm		4～6	
中间砧长度/cm		20～30，同一批苗木变幅不得超过 5	
苗木高度/cm	>170	>150～170	>130～150
苗木粗度/cm	≥2.5	≥2.0	≥1.5
倾斜度/°		≤15	
芽			
整形带内饱满芽数/个	≥10	≥9	≥7
分枝			
60 cm 以上分枝数/个	≥13	≥10	≥7

第三节　苗木检验检疫与消毒

　　苗木检疫是在苗木调运中，禁止或限制危险性病虫人为传播蔓延的一项国家制度。由国家或地方政府制定法规并强制执行。由设在口岸、产地的检疫部门根据国家颁布的有关法规负责组织实施。凡带有危险性病虫的材料，禁止输入或输出。果树苗木检疫对象是指对果树危害严重、防治困难、可以通过人为方式传播的病虫种类。

　　苗木检疫主要是严防危险性病虫随植物体、植物产品、交通运输工具和包装材料输入和输出。将局部地区发生的危险性病虫控制在一定范围内，防止向未发生地传播，同时采取各种有效措施，逐步缩小发生范围直至消灭。

　　检疫对象是指国家规定禁止从国外传入和在国内传播并且必须采取检疫措施的病、虫、杂草及可能携带这类病虫的植物等的名单。随苹果苗木传播，定植后难彻底铲除，且危害严重的各种病虫害，主要包括病毒与类病毒、腐烂病、轮纹病、苹果绵蚜、苹果窦娥、美国白蛾、苹果实蝇、苹果黑星病、根癌病等。常规苹果苗的检疫对象有苹果绵蚜、苹果蠹蛾、美国白蛾，无病毒苗还增加了对锈果类病毒（ASSVd）、坏死花叶病毒（ApNMV）、凹果类病毒（ADFVd）、褪绿叶斑病毒（ACLSV）、茎沟病毒（ASGV）和茎痘病毒（ASPV）等6种病毒与类病毒的检测。

　　苗木出圃前须经当地植物检疫部门按 GB 8370 检验，获得苗木产地检疫合格证后方可向外地调运。具体步骤为事先提出引种或调运计划要求，报主管部门审批后，持审批单和检验单到检疫部门检验，确认无检疫对象的，发给检疫合格证，准予引进或调出。此外，为控制病虫害传播，要做好苗木消毒工作。如用苗木处理剂处理苗木，或用有效成分为0.03％～0.05％吡唑醚菌酯或 0.3％～0.5％甲基硫菌灵药液，混加0.05％～0.1％吡虫啉或 0.3％～0.5％毒死蜱，喷淋整株苗木，直到根部有药液流下为止，并保湿 24～48 h。

第四节　苗木包装、运输与假植、贮藏

一、苗木包装、运输

　　苗木经检验检疫合格后，外运者应立即分品种、种类、等级，定

量妥善包装。苗木包装前宜将过长根系和枝条进行适当剪截，并将根部蘸泥浆保湿。包装材料以价廉、质轻、坚韧并能吸水保持湿度，而又不致迅速霉烂、损坏者为好，如草袋、蒲包、草帘及塑料薄膜等。一般每包 50～100 株，挂上注明砧木、品种、数量和等级的标签。包装大苗时根部可向一侧，用草帘将根包住，其内加填充物；小苗则可根与根重叠摆放。包好后挂上标签，注明砧木、树种、品种、数量和等级。

持有苗木质量合格证和苗木检疫合格证，包装好后即可运输。运输过程中防止重压、暴晒、风干、雨淋、冻害等，注意保湿，长途运输要盖帆布，必要时，中途需适当洒水加湿。到达目的地后及时栽植。

二、苗木假植与贮藏

苗木不能及时外运或需来年春季外运时要进行越冬假植或安全贮藏。收到苗木如果暂时不栽植时，也要立即进行假植。如短期假植可挖浅沟，将根部埋在地面以下即可。越冬假植则应选地势平坦、避风不积水处挖沟假植。沟宽 1 m、深 50 cm 左右，沟长视苗木数量而定。假植沟应南北延长开沟，苗木略向南倾斜放入，根部以湿沙土填充。无越冬冻害和春季抽条现象的地区，苗梢露出土堆外 20 cm 左右，否则，苗梢埋入土堆下 10 cm 左右。

（一）临时假植

选择地势较高、排水良好、土壤疏松的背阴地段，挖深宽 50～80 cm 的假植沟，长度依苗木数量多少而定。将苗木成捆或散开均匀地排列在沟内，用湿土、湿沙覆盖苗木根部及部分枝干，培土高度至少达到嫁接口以上 20～40 cm，湿土、湿沙应完全充满根部或枝干间的空隙，并踩实浇水。整个假植期间应避开阳光直射，浇水需充足但不宜过勤。未覆入沙土的其他部位，可覆盖透气的草毡、塑料彩布等保湿材料。临时假植时间一般不宜超过 10 d。

（二）越冬假植

选地势较高平坦、背风向阳、不积水、土壤疏松的地块挖沟。沟的方向应与主风向一致，最好是东西向。沟宽 80～100 cm、深 80 cm 左右，沟实际的宽度和深度应根据苗木的大小而定，特大苗应再加深。沟的长度根据苗木数量确定。沟挖成南高北低的 35°斜坡，铲净沟内各断面的浮土。沟内底部先铺 10 cm 厚的湿沙或湿沙土，沿斜坡侧散开苗木，摆一行苗，覆一层湿沙或湿沙土，并逐行拍实。沙或土的湿度以手握成团、松手即散为宜。培土分两次进行，第一次培至沟深的 40～50 cm 处，第二次培土至 70～80 cm 处。覆土后应踩实，保持湿度。封冻前根据当地气候条件，在苗木梢部覆盖玉米秸秆、草毡、透气的塑料彩布等保温保湿材料，或覆土 20～30 cm。冬季可在假植沟的西北侧架设防风障。面积较大的假植地要分区、分品种、定数量（每一定数量做一标记），并在地头插标牌，注明品种（砧木）、苗龄、数量、假植时间等信息。春季温度回升后，特别是土壤解冻以后，要及时检查苗木的假植情况，避免高热伤皮，或高湿霉烂。

（三）冷库贮藏

贮存苗木的冷库应为专用冷库，冷库内不得有乙烯气体或者混合贮存有释放乙烯气体的果品等其他物品。贮藏前应先对冷库消毒，可用硫磺熏蒸或甲醛加高锰酸钾熏蒸、过氧乙酸喷雾等方法消毒。贮存温度 0.5～1.5℃，相对湿度不低于 95％。冷库贮藏的苗木宜采用带有透气孔的塑料袋包装，每 10～20 株为一捆。包装物内外均应有苗木标签，标明品种、砧木等级、生产单位等信息。选用铁质货架存放苗木，最高堆码 4 个，每排货架之间需留通风道，保证库内空气循环畅通。靠近风机处应适当空出距离，防止苗木冻伤。同时要定期检查贮藏情况，发现问题及时处理。

（四）土窑洞贮藏

一般窑宽 2.6～2.8 m，高 2.8～3.0 m，深 50～60 m，前面有窑门及通风孔，后部也有通风孔，窑上土层厚度为 3～6 m 的土窑洞都可贮藏苹果苗。苗木入库前 1 个月，需将窑内清理干净，并用 50％多菌灵乳剂 400～500 倍液喷洒消毒。也可用硫磺粉熏烟消杀，具体方法为每隔 8～10 m 堆放一堆，每堆 1～2 kg，用干草点燃后关闭窑门。5～7 d 后在窑内地面两侧从内向外铺设厚度 60～80 cm 的干净河沙，中间留 40～50 cm 通道方便苗木进出库。

在霜降后地冻前苗木入窑。入窑时将铺好的沙从内向外，沿窑壁挖一条深度 40～60 cm 的沟，沟的深度依据苗木根系的长短而定。将入库苗木依次略微倾斜摆入沟中，第 1 排第 1 捆距窑壁 5 cm 左右，依次摆放第 2 捆、第 3 捆，直至距另一边窑壁 40～50 cm 为宜。摆好第 1 排苗木后间隔 15～20 cm 挖第 2 条沙沟。挖出的沙用于埋填已摆好苗木的空隙，使苗木根系与湿沙密接。沙埋填好后摆放第 2 排苗木，以此类推，湿沙埋至苗木嫁接口上 20～30 cm。沙子湿度以手握成团，展开后不散为宜。

苗木入窑后前期管理工作主要以通风降温为主。苗木沙藏后的前半个月须密切观察窑内温度，窑外温度低于窑内温度时，打开窑门和通气孔降低窑内温度。窑外最低气温降至－4～5℃时，不必开门通风，只打开通气孔，使窑内温度保持在 0～2℃即可。夜晚最低气温降至－8℃以下时，应在窑门内挂门帘进行保温防冻，并关闭通风孔。当窑内埋苗沙表层干时，需把表层沙喷湿。第 2 年春季土壤解冻后出库定植。用该方法贮存的苗木，苗木损伤率少，栽植后成活率高。

主要参考文献

DB37/T 3479－2018，苹果苗木传带病毒检测与防控技术规范 ［S］. 2018.

DB37/T 3976－2020，苹果矮化自根砧苗木繁育技术规程 ［S］. 2020.

DB3710/T 097－2020，苹果苗木储运技术规范 ［S］. 2020.

GB 9847－2003，苹果苗木 ［S］. 2003.

NY/T 1085－2006，苹果苗木繁育技术规程 ［S］. 2006.

陈雯，2011. 苹果苗木出圃前应做好哪些准备工作？［J］. 落叶果树，43 (6)：52.

高利敏，谢宏伟，2022. 矮化自根砧苹果育苗技术 ［J］. 果农之友 (11)：13－15.

韩振海，2011. 苹果矮化密植栽培－理论与实践 ［M］. 北京：科学出版社.

路志坤，2011. 果树苗木起苗机的研究 ［D］. 保定：河北农业大学.

罗彦平，2016. 苗木出圃与贮藏方法 ［J］. 河北果树 (1)：55－56.

郗荣庭，2000. 果树栽培学总论 ［M］. 3 版，北京：中国农业出版社.

谢宏伟，梁录瑞，刘文杰，等，2022. 国内外苹果苗木生产现状及对策 ［J］. 中国果树 (9)：89－92.

张强，2016. 浅探苗木出圃中起苗技术环节 ［J］. 农技服务，33 (6)：260.

赵士粤，2020. 北方果树苗木贮藏技术 ［J］. 果树资源学报，1 (5)：40－41＋57.

图书在版编目（CIP）数据

矮化苹果苗木繁育技术／杜学梅主编. -- 北京：
中国农业出版社，2025. 4. --（育苗实用技术丛书）.
ISBN 978-7-109-33156-3

Ⅰ. S661.104

中国国家版本馆 CIP 数据核字第 20255Y1E82 号

矮化苹果苗木繁育技术
AIHUA PINGGUO MIAOMU FANYU JISHU

中国农业出版社出版

地址：北京市朝阳区麦子店街 18 号楼
邮编：100125
责任编辑：李澳婷　郭晨茜
版式设计：王　晨　责任校对：吴丽婷
印刷：北京印刷集团有限责任公司
版次：2025 年 4 月第 1 版
印次：2025 年 4 月北京第 1 次印刷
发行：新华书店北京发行所
开本：880mm×1230mm　1/32
印张：5.75
字数：202 千字
定价：48.00 元